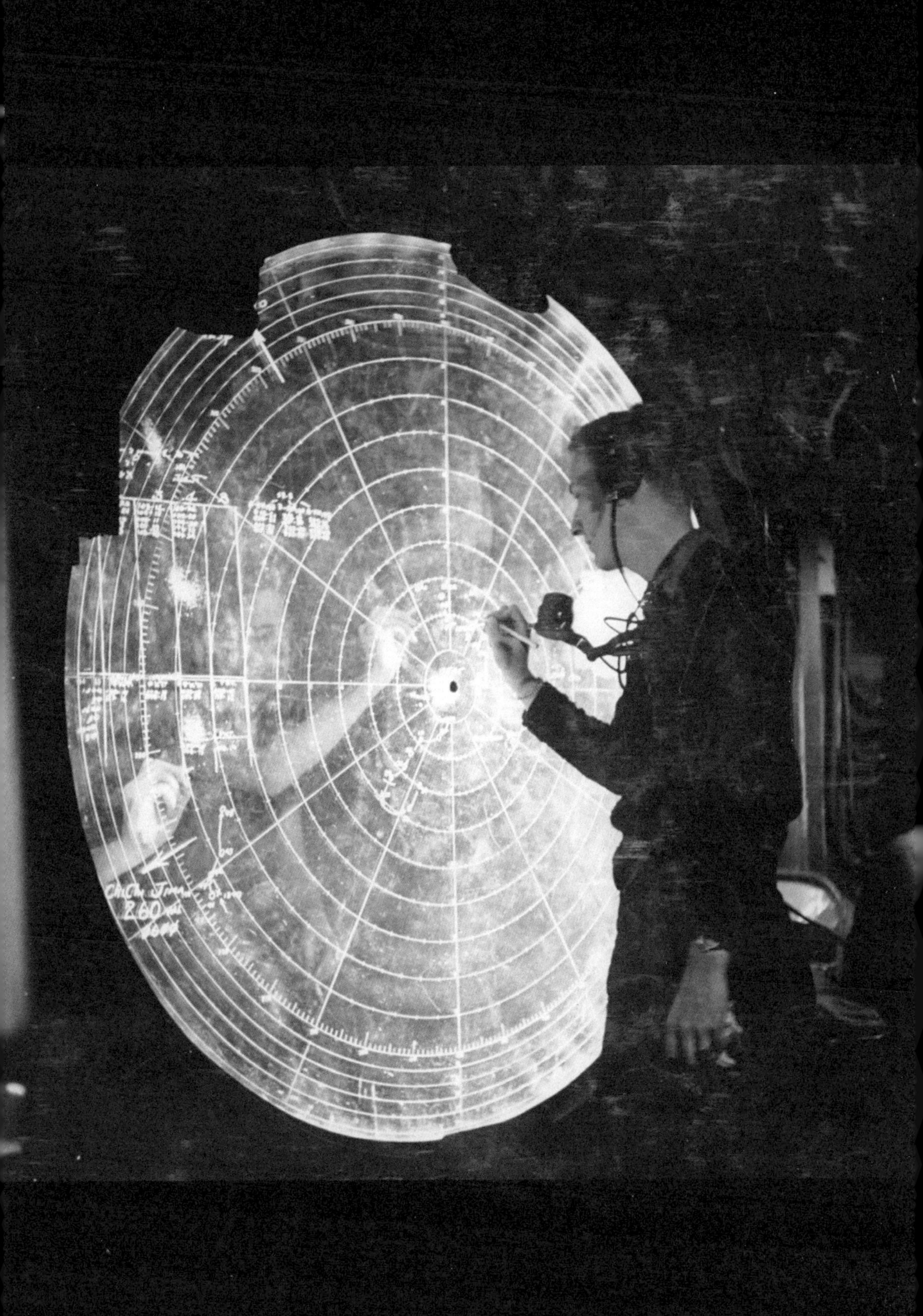

AIRCRAFT CARRIERS

THE ILLUSTRATED HISTORY OF THE WORLD'S MOST IMPORTANT WARSHIPS

航母图文史

从20世纪初到21世纪，用图片和文字描绘航母发展轨迹

改变世界海战的100年

[美] 迈克尔·哈斯丘（Michael E. Haskew）◎著

陈雪松◎译　孟林◎校译

金城出版社
GOLD WALL PRESS

·北京·

图书在版编目（CIP）数据

航母图文史：改变世界海战的 100 年：彩印精装典藏版 /（美）迈克尔·哈斯丘（Michael E. Haskew）著；陈雪松译 .—北京：金城出版社有限公司，2023.10
（世界海洋军事史系列 / 朱策英主编）
书名原文：Aircraft Carriers: The Illustrated History of the World's Most Important Warships
ISBN 978-7-5155-1944-9

I. ①航… II. ①迈… ②陈… III. ①航空母舰－发展史－世界 IV. ① E925.671

中国版本图书馆 CIP 数据核字（2019）第 288511 号

航母图文史
HANGMU TUWENSHI

作　　者　[美] 迈克尔·哈斯丘
译　　者　陈雪松
校　　译　孟　林
策划编辑　朱策英
责任编辑　杨　超
文字编辑　叶双溢
责任校对　彭洪清
责任印制　李仕杰
开　　本　710 毫米 ×1000 毫米　1/16
印　　张　25.25
字　　数　318 千字
版　　次　2023 年 10 月第 1 版
印　　次　2023 年 10 月第 1 次印刷
印　　刷　小森印刷（北京）有限公司
书　　号　ISBN 978-7-5155-1944-9
定　　价　148.00 元

出版发行　**金城出版社有限公司**　北京市朝阳区利泽东二路 3 号　邮编：100102
发 行 部　(010) 84254364
编 辑 部　(010) 64214534
总 编 室　(010) 64228516
网　　址　http://www.jccb.com.cn
电子邮箱　jinchengchuban@163.com
法律顾问　北京植德律师事务所（电话）18911105819

目录
CONTENTS

前言

1941 年 12 月 7 日，7 时 55 分，夏威夷群岛。周日清晨的宁静被突然打破，日本帝国海军的 6 艘航空母舰摧毁了停泊在珍珠港的美国太平洋舰队，瓦胡岛上的其他军事设施也遭到重创。这些航空母舰秘密航行至距夏威夷 230 英里（约 370 千米）的海域，准备发起空袭。

空袭结束后，一切已无悬念：航母在海战中后来居上，力压无畏级战列舰，成为汪洋大海上的主力进攻武器。双方在浩瀚太平洋上进行的这场较量，随着航母空中力量的部署而分出了高下。

偷袭珍珠港，是日本联合舰队司令山本五十六海军大将策划的。作为一位海军老兵，山本五十六身经百战。1905 年，日本帝国海军在对马海战中，打败了沙俄波罗的海舰队，山本五十六的左手也为此失去了两根手指。他曾在哈佛大学学习，任过驻华盛顿海军武官，是航母空中力量的坚定拥护者，甚至还在 40 岁时取得了飞行员资格。

山本注意到，1940 年 11 月 11 日，英国皇家海军在地中海出动舰载机，重创了法西斯独裁者墨索里尼的意大利皇家海军舰队。当时，意大利皇家海军的大型战列舰停泊在塔兰托港，自以为十分安全。

山本很清楚，美国的工业实力最终将会战胜日本，因此绝不能打持久战。他认为，偷袭珍珠港是速战速决的最佳选择，可以削弱美军部署在太平洋地区的海军力量，从而赢得与美国谈判求和的机会。他宣称："给我 6 个月时间，我将在太平洋上所向无敌。但之后的事，我无法保证。"

山本偷袭珍珠港计划的战术展开，是由源田实和渊田美津雄两位海军中佐负责的。如果没有航母，山本所设想的这次大胆突袭可能将永远无法实现。1941 年 11 月 26 日，南云忠一海军中将率领实力强大的第一航空舰队承担突袭任务，离开了千岛群岛单冠湾。

在那个给予美军致命一击的周日清晨，"赤城"号、"加贺"号、"苍龙"号、"飞龙"号、"翔鹤"号和"瑞鹤"号共 6 艘日军航母分成 2 个波次，先后出动俯冲轰炸机、水平轰炸机、鱼雷轰炸机和战斗机共计 353 架次，向美军发动攻击。尽管有几次预警本可引起美军警觉，但日军还是取得了出其不意的效果。短短几分钟内，美军的希卡姆机场、贝洛斯机场、斯科菲尔德兵营、卡内奥赫海军航空站及埃瓦海军陆战队航空站，都遭到日军的低空扫射和猛烈轰炸。

在珍珠港，日军飞机击毁了福特岛附近的战列舰群。当日军最后一架轰炸机返回母舰时，共有 4 艘美军战列舰被击沉，另有 4 艘遭到重创。"俄克拉荷马"号被 5 枚鱼雷击中并倾覆，数百名舰员被困于甲板下；"西弗吉尼亚"号被 7 枚鱼雷和 2 枚炸弹击中，垂直沉没于港口浅滩污泥中；"加利福尼亚"号被 2 枚鱼雷和 1 枚炸弹炸成两截；"亚利桑那"号战列舰被 1 枚由 14 英寸（约 356 毫米）口径海军炮弹改装的空投弹击穿前置弹

在美军尼米兹级航母“罗纳德·里根”号入役典礼结束时，几架飞机组成菱形编队飞过上空。偷袭珍珠港一役凸显了航母的绝对实力。此后几十年，航母一直充当向世界各地投送军事力量的主要工具。（美国海军照片 / 二级摄影师助理小查尔斯·爱德华兹拍摄）[1]

药库，发生猛烈爆炸，1177名舰员和海军陆战队队员丧生。

美军战列舰“田纳西”号、“马里兰”号、“内华达”号和“宾夕法尼亚”号受损严重；巡洋舰“火奴鲁鲁”号、“罗利”号及“海伦娜”号，驱逐舰“卡辛”号、“唐斯”号及“肖”号，水上飞机母舰“科蒂斯”号，修理舰“女灶神”号同样遭到重创；服役多年的布雷舰“奥格拉拉”号和靶船“犹他”号也被击沉。此外，165架美军飞机被击毁，128架受损，其中大部分尚未起飞。美军共有2403人丧生。日军付出的代价极小，仅损失了29架飞机、1艘舰队潜艇和5艘小型潜艇，另有185人丧生。

虽然美军部队举步维艰，需要数月时间才能恢复全部战力，但日军也并没有取得全面的胜利。因为担心美军发动反击，南云中将不愿对珍珠港发动第三波攻击，反而命令舰艇后撤。日军的袭击未能破坏珍珠港的油料储存罐，也没有伤及机械车间及其他修理设施，这使得美军太平洋舰队在战争初期就能够开展有限作战并迅速恢复战力。

对日军来说，最关键的失误在于没有掌握好时机。日军攻击时，美军太平洋舰队的航母并不在珍珠港，安然地躲过一劫。渊田美津雄回忆称，他们于1941年12月6日在海上收到一封电报，其中提道：“停泊在珍珠港的战舰周围没有部署热气球[2]和鱼雷防护网，所有战列舰都没开出来。从敌方电台的活动来看，夏威夷地区没有海上巡逻机出没的迹象。‘列克星敦’号航母昨天离开港口，‘企业’号航母也应该在海上活动。”

1942年5月，虽然“列克星敦”号航母在珊瑚海海战中沉没了，但正是在这次海战中，其舰载机参加了击沉日军“祥凤”号航母并击伤“翔鹤”号航母的作战行动。一个月后，从“企业”号甲板上起飞的战机参加了中途岛海战；经此一役，“赤城”号、“加贺”号、“苍龙”号和“飞龙”号等4艘参与偷袭珍珠港的日军航母，全部葬身太平洋海底。

日军偷袭珍珠港时，航母作为战争武器已经存在了至少25年。第二次世界大战（后文简称二战）期间，航母成为海洋上最强大的战舰。无论过去还是现在，一个国家的海军力量，在很大程度上都取决于可作战航母及其舰载机的编制数量。

几十年以来，航母一直充当一国向世界各地投送军力的主要工具。当今时代，这些巨型战舰大多可以自给自足，它们及其护航舰艇能够跨越全球，对敌实施致命打击。航母的故事，就是海军领导人富于创新和高瞻远瞩的故事，它是一种可以影响常规战争结果的少有武器。

注释

[1] 本书图片出处均在图片说明文字末以括号标注。

[2] 19世纪中期，热气球曾在军事中被用于观测和通信。

1915年11月5日，在佛罗里达州彭萨科拉城附近海域，美国海军第11号飞行员亨利·马斯廷上校驾驶柯蒂斯F型飞艇，从“北卡罗莱纳”号装甲巡洋舰飞行甲板上起飞。这次飞行首次借助弹射器从舰船甲板上起飞，具有重要意义。该舰舰艉上醒目的舰名清晰可见。（美国国家档案馆）

第一章 航母问世

1903—1918

1907 年 12 月，美国总统西奥多·罗斯福（Theodore Roosevelt）命令该国海军执行了一次雄心勃勃的环球航行任务。此次行动一直持续到 1909 年 2 月，将美国海军力量投送到了世界各地，这是其他大国此前从未做过的。当时，美军 16 艘战列舰被称为“大白舰队”（Great White Fleet），向世人展示了罗斯福麾下现代美国海军的军事实力。

就在大白舰队完成长达 14 个月的历史性航行时，一些海军军官和地方企业人员已经把目光转向了注定要改变海战本质的一项创举。1903 年，莱特兄弟在北卡罗莱纳州基蒂霍克镇进行了具有开拓性意义的首飞。此后不久，美军开始考虑飞机在军事上的潜在应用价值。

飞机所具有的侦察、瞭望及炮火指引能力值得期待，但问题是如何在海上与舰船配合作战。人们认为，无论浮筒飞机还是飞行艇，它们虽然结合了空中和海上的作战特点，但潜力有限。然而，如果飞机可以从舰船甲板起降，就会提供更多的可能性。具有远见卓识的人抓住了这一机会。到 20 世纪中叶，航母超越战列舰，成为海战中最强大的武器装备。

格伦·柯蒂斯（Glenn Curtiss）是发展海军航空兵的主要倡导者。1878 年 5 月 21 日，柯蒂斯出生于美国纽约州哈蒙兹波特。他年轻时受雇于柯达公司，对相机较为熟悉，这让他得以用相机记录他早期设计和使用飞机的过程。23 岁时，他开始在哈蒙兹波特制造自行车；为满足对速度的需求，他研发出了一种小型汽油发动机，并将其安装在一辆自行车上。

后来，柯蒂斯改行制造摩托车，他设计的发动机获得了普遍好评。直到 1904 年，他一直给托马斯·斯科特·鲍德温提供发动机，鲍德温用其驱动热气球和飞艇，包括当年进行首次环美飞行的“加利福尼亚箭”号飞艇。1907 年，在佛罗里达州奥蒙德海滩的硬质沙地上，柯蒂斯驾驶摩托车以每小时近 137 英里（约 220 千米）的速度创造了世界纪录。

那年秋天，因发明电话闻名于世的亚历山大·格雷厄姆·贝尔，邀请柯蒂斯从哈蒙兹波特来到自己在加拿大新斯科舍省巴德克的夏季住所。贝尔认为柯蒂斯是高性能发动机领域最优秀的专家之一，于是邀请他加入自己新成立的航空试验协会（Aerial Experiment Association）。贝尔解释说，成立航空试验协会的目的是“建造可以靠自身动力驱动的载人飞机”。柯蒂斯被任命为该协会的试验室主任。

2 年后航空试验协会解散，柯蒂斯开始在哈蒙兹波特设计飞机。他的

在这幅由威廉·艾伦·罗杰斯于1909年创作的社论漫画中，乔治·华盛顿、山姆大叔和西奥多·罗斯福正在欢迎“大白舰队”环球航行凯旋。罗斯福总统派遣美国海军现代化舰队，进行了历史性的航行，这是一次军事力量的展示，并发出一条明确的信息：美国已成为全球海军强国之一。（美国国会图书馆）

推进式飞机和推进式飞艇等两款机型投产。他还在陆基推进式飞机上加装浮筒，制造出世界首架可投入使用的水上飞机。

与此同时，柯蒂斯在飞行界获得了名望。1909年8月，他赢得了国际戈登·贝内特竞赛的冠军。1910年，他从纽约州奥尔巴尼飞行150英里（约242千米）后，安全降落在纽约湾总督岛，第三次夺取“科学美国人奖杯”，并永久地拥有了该奖杯。由于他在1912年浮筒水上飞机和1913年飞行艇上都取得了成功，他连续两次获得了“科利尔奖杯”。

一架柯蒂斯推进式飞机停放在地面上，由线缆装置固定，准备进行飞行测试。这是一款为数不多的、可用于海军作战的早期多用途飞机，既能作为先锋飞行员在航母上起降的平台，也能作为水上飞机使用。（美国国家档案馆）

格伦·柯蒂斯还是一位商人。他意识到，要使自己的飞机生产具有商业价值，最大的机会在于向美国军方证明飞机对于未来作战的重要性。但美国陆军和海军对于向飞机投入大量资源一事，均持怀疑态度。到 1909 年，只有一架莱特飞机在陆军服役。1911 年，海军才从柯蒂斯那里购买了第一架飞机——A-1“推进者”水上飞机。柯蒂斯与一些海军高级军官关系较好，在他们帮助下，他得以筹划一些令人激动的飞行表演，历史进程因此改变，他也赢得了美国“海军航空之父”的称号。

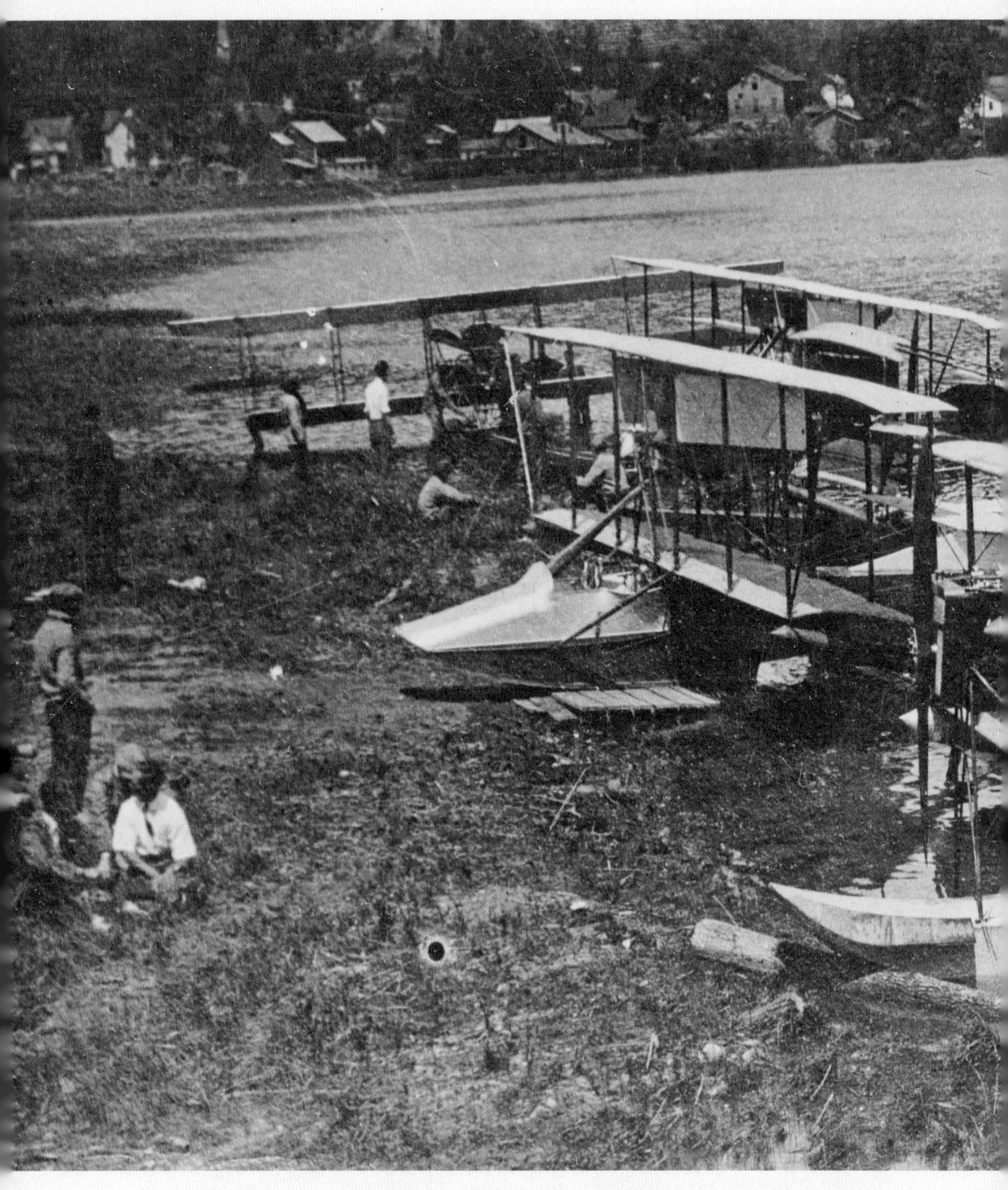

柯蒂斯飞艇停泊在纽约哈蒙兹波特海滨附近。哈蒙兹波特是格伦·柯蒂斯的家乡。1909 年，完成亚历山大·格雷厄姆·贝尔航空试验协会的工作后，柯蒂斯离开加拿大新斯科舍省巴德克，返回家乡设计飞机。（美国国家档案馆）

柯蒂斯与负责美国海军航空研发的海军军官华盛顿·欧文·钱伯斯（Washington Irving Chambers）携手，设计了一个从军舰甲板上起飞的飞行方案。23岁的尤金·伊利（Eugene B. Ely）是一位飞行表演者，他主动提出驾驶这架50马力的推进式飞机。工人们在弗吉尼亚州诺福克海军造船厂，用锯子和锤子给“伯明翰”巡洋舰上拼接了一条85英尺（约26米）长、24英尺（约7米）宽的临时飞行甲板，并且舰艄有一个5度的下倾斜坡。这个平台仅高出水线37英尺（约11米）。

1910年11月14日上午，这架脆弱的飞机被吊装到巡洋舰上。随后，“伯明翰”号驶出诺福克船厂，进入切萨皮克湾河口附近的汉普敦水道。当时，天色灰暗，大雨倾泻而下。下午3时，天气好转。原本要等巡洋舰继续航行一段距离之后，再由伊利驾驶飞机起飞，但军舰突然在老波因特康弗特抛锚，冲动的伊利当即抓住机会，爬进驾驶室，发动引擎并打开加速器。大约下午3时15分，飞机在一群舰员面前呼啸着冲出飞行甲板。

在佛罗里达州彭萨科拉港美国海军基地附近，一架水上飞机掀起了海面的浪花。这是格伦·柯蒂斯设计的早期双翼机。柯蒂斯是20世纪初美国海军航空事业发展的主要支持者之一，在航母空中作战的发展中起了重要作用。（美国国家档案馆）

格伦·柯蒂斯正手握其早期双翼机的驾驶盘。他在水上飞机和海军航空事业的发展中扮演了重要角色。通过努力，他获得了美国“海军航空之父”的美誉。（美国国会图书馆）

飞行员尤金·伊利坐在一架双翼机座舱内。可以看出，在他身后，即发动机位置上，是一个由线缆和框架把飞机固定在一起的架子，而伊利的驾驶盘与汽车的方向盘类似。1910 年 11 月 14 日下午，伊利驾驶柯蒂斯推进式飞机，首次从一艘海军舰船甲板上成功起飞。（美国国家档案馆）

这架柯蒂斯推进式飞机先是从甲板上跃起，然后骤然急降，轮子和螺旋桨撞入水中。伊利极力操控，才将飞机重新拉升至一定高度，但喷溅到防护镜上的水雾让他什么都看不清楚了。事实证明，飞机可以从舰船甲板起飞，但伊利驾驶的这架飞机严重受损。他原本希望能飞得更远，但最终只飞了不到 5 分钟，便降落到门罗堡 3 英里（约 5 千米）外的海滩上。

18512-U.S.S. Birmingham
Run.11. South. 24.99. Knots.

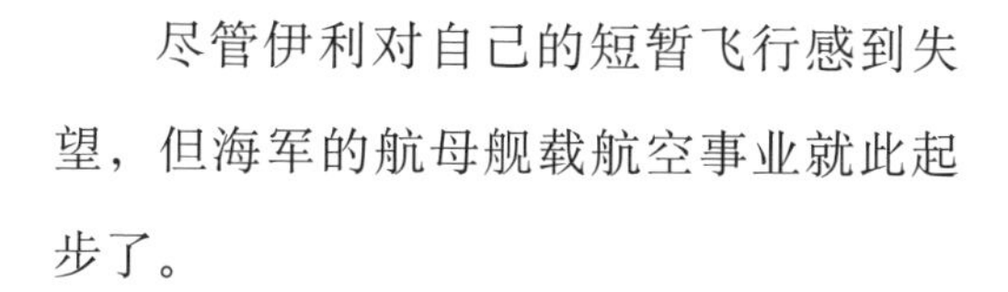

尽管伊利对自己的短暂飞行感到失望，但海军的航母舰载航空事业就此起步了。

第二天，《纽约时报》报道称："昨天，在'伯明翰'号侦察巡洋舰甲板上，尤金·伊利驾驶双翼机成功穿越大雾，飞行5英里（约8千米）后降落在岸边。据说这将引起海军部长的兴趣，认为这对增强海军实力是一个有价值且实用的补充……人们认为伊利解决了海上航空学问题的一半，因为他已经从军舰甲板上成功起飞了。剩下的另一半，是如何才能赶在飞机落水之前，把它安然开回甲板。然而，人们相信，解决这个问题不会花费太长时间。"

报纸说得没错。仅仅1个月后，起初反对发展海军航空事业的海军部长乔治·迈尔（George Meyer），申请为该项

美国海军"伯明翰"号巡洋舰搅起白色的尾流，借助蒸汽动力沿美国大西洋海岸向南航行。这艘军舰在舰艏建有1座85英尺（约26米）长的飞行甲板，在早期航母航空史上扮演了关键角色。1910年11月14日，在切萨皮克湾，飞行员尤金·伊利就是在这座飞行甲板上，驾驶柯蒂斯推进式飞机进行了历史性的起飞。（美国国家档案馆）

目额外拨款。随着海军为航空事业投入更多的资源，伊利于1911年1月18日再次起飞。然而，从舰船甲板起飞是一回事，降落却完全是另一回事——也包括如何在降落过程中将飞机停稳。

钱伯斯海军上尉再次发挥了重要作用，这次演示的地点选在了旧金山湾。工人们在马雷岛海军造船厂，对美国海军“宾夕法尼亚”号装甲巡洋舰的后甲板进行改造，在舰艉8英寸（约203毫米）口径大炮的炮塔上，装一个长133英尺7英寸（约41米）、宽31英尺6英寸（约10米）的飞行甲板。如何拦截降落时快速向前猛冲的飞机的问题也得到了解决：在临时甲板上，以3英尺（约1米）为间隔，一共安装了22根马尼拉麻绳，麻绳两端各用一个50磅（约23公斤）沙袋固定。理论上，飞机尾钩只要勾住其中一根绳索，便足以使其安全减速直至停止。飞行甲板两端及船舷两侧均设有帆布篷，以便在飞机坠毁前将其拦住。

指挥官西奥多·戈登·埃利森（Theodore Gordon Ellyson）是首位被任命为飞行员的美国海军军官，后来被认定为“海军第1号飞行员”。他正坐在海军第1架飞机（柯蒂斯推进式水上飞机）的驾驶盘前。照片摄于1911年2月。埃利森奉命加入一个海军军官小组，接受传奇人物格伦·柯蒂斯的航空培训。此后，他便与柯蒂斯一同飞行，并向其请教飞机设计问题。在1928年的一次飞行事故中，埃利森不幸丧生。（美国国家档案馆）

1911 年 1 月 18 日上午 11 时许，尤金·伊利降落在美国海军“宾夕法尼亚”号装甲巡洋舰的飞行甲板上，首次成功实现飞机在军舰上降落。一群舰员和宾客正紧张地注视着，还有很多人在岸上围观。伊利从附近的塞尔弗里奇基地出发，经过短暂飞行后抵近巡洋舰，先是围绕巡洋舰盘旋一圈，估算好距离与方位，然后摆脱强劲顺风的干扰，安全降落在舰上。（美国国会图书馆）

当年 1 月的那个清晨，由于旧金山湾变化无常的天气，人们一度改变了原定计划。舰长查尔斯·庞德（Charles F. Pond）的计划是让“宾夕法尼亚”号装甲巡洋舰出航，借助逆风使飞机在降落时减速。但因风向不定，飞行员伊利只得要求军舰保持锚泊状态。

大约上午 10 时 45 分，伊利从加州圣布鲁诺的塞尔弗里奇基地起飞。这个基地原为民用，凭坦弗兰赛马场闻名。大批观众聚在岸边，一些好奇的人还登上小艇，簇拥在旧金山湾“宾夕法尼亚”号巡洋舰附近。尽管风

飞行员伊利在美国海军“宾夕法尼亚”号巡洋舰上完成了历史性降落，几秒钟后他走出飞机。观众对其表示祝贺，舰员则急忙冲上去用绳索将飞机安全系稳。急速降落的飞机是被由绳索和沙袋组成的拦阻系统拦停的。（美国国家档案馆）

向不定，但伊利还是很快出现在地平线上。他先围绕巡洋舰盘旋了一圈，估算着降落平台的距离与方位，之后切断动力，将速度降至每小时 40 英里（约 64 千米）。

正当他抵近巡洋舰之际，空中突然刮起一阵顺风，险些酿成大祸。伊利迅速做出反应，压低机首，重重地滑向甲板，大约滑行至一半时勾住了几道拦阻索。飞机迅速停下来，整个过程只用了 15 分钟多一点。

当伊利从驾驶座出来时，他的妻子梅布尔激动地迎接他：“噢，亲爱

的！我就知道你能成功！”庞德舰长邀请夫妻二人共进午餐。同时，甲板上的拦阻装置被收了起来，推进式飞机也被转向了起飞位置。伊利在此拍下了无数张照片，并在降落后1小时左右再次登上飞机，安全起飞并降落在塞尔弗里奇基地。回到地面后，伊利微笑着对报纸记者说：“这太简单了！我觉得这种小把戏十有八九都能成功！”

伊利极力打造自己的名声，成为世人眼中勇于冒险的飞行员。他试图吸引美国海军的注意，希望被他们聘为飞行员。尝试无果后，他继续进行飞行表演，并参与一些竞技活动。直到1911年10月19日，在美国佐治亚州梅肯市一次飞行表演中，他未能拉升起俯冲的飞机，飞机坠落。当时，他试图从飞机残骸中爬出来，但几分钟后便因脖子扭断而死。观众冲向事故地点搜寻纪念品，连他的个人物品也不放过。

在美国海军“宾夕法尼亚”号巡洋舰舰艉，木质飞行甲板正在建造中。它长133英尺7英寸（约41米），宽31英尺6英寸（约10米）。建成后，尤金·伊利将在它上面完成着舰。图中还能看到伊利的柯蒂斯推进式双翼机。（环球历史档案馆/UIG/布里奇曼图片社）

英国皇家海军最早的水上飞机航母是由蒸汽机船改装的。一战爆发前，这些航母曾在英吉利海峡附近的沿海水域行动。其中就有“恩加丹”号、“皇后”号和“里埃维拉”号。图中“恩加丹”号正在英国沿海航行，其舰艉的水上飞机机库清晰可见。（天顶出版社）

在25岁生日那天，伊利被葬在他的家乡，1933年被追授“杰出飞行十字勋章”。

虽然美军内部对航空产生了浓厚的兴趣，但直到20世纪20年代，美国海军的首艘航母“兰利”号（*Langley*）才得以建成。这艘航母改装自美国海军的运煤船，即1913年4月7日入役的“木星”号（*Jupiter*）。在推动航母作战方面，英国皇家海军一直处于领先地位。英国皇家飞行总队成

1913年5月9日，查尔斯·萨姆森（Charles R. Samson）海军中尉从英国皇家海军“海伯尼亚”号军舰上起飞，成为首位成功地从在航军舰甲板上起飞的飞行员。萨姆森驾驶第38号肖特改进型S27飞机飞越韦茅斯湾，降落在英格兰普雷斯顿村附近的洛德摩尔东端。（凯斯伯里-戈登图片档案馆/阿拉米图片社）

一战前，英国在海军航空发展方面处于领先地位。1911年12月11日，阿瑟·朗莫尔（Arthur M. Longmore）曾登上报纸头条。当时，他驾驶第38号肖特改进型S27飞机，降落在英格兰东南的梅德韦河上。图为1913年，朗莫尔海军上尉在苏格兰蒙特罗斯驾驶飞机降落后，脱下夹克，点燃香烟的瞬间。注意左边士兵的肩上有皇家飞行总队标志。（天顶出版社）

立于1912年，最初掌管英军所有的航空部队，包括经王室许可于同年春成立的海军联队（Naval Wing）。1914年7月1日，英国皇家海军航空队（Royal Naval Air Service）正式成立，4年后再次与皇家飞行总队合并，成立英国皇家空军（Royal Air Force）。

1911年11月18日，奥利弗·施旺（Oliver Schwann）指挥官成为首位从水面起飞的英国飞行员。当时，施旺驾驶一架阿芙罗D型双翼机，从巴罗因弗内斯附近海面起飞。这架改装飞机是他个人出资购买的，装有4缸35马力格林发动机，机身包着帆布，曾在卡文迪什码头进行过刹车和漂浮测试。他调整了发动机的位置，以便获得更好的平衡性。

施旺虽然并未正式获得飞行员资格，但他做了无数次起飞尝试，最终取得了成功。在那个具有决定性意义的一天，他加大油门后惊奇地发现，沿着海面滑行并跃至15英尺（约5米）高度之际，飞机速度极快。但之后，突然而至的硬着陆把飞机撞得粉碎。然而，施旺已经证明这样起飞是

“班米克利”号原为马恩岛附近水域运营的一艘蒸汽船，后被改为水上飞机母舰，在一战中服役。在查尔斯·萨姆森海军中尉的指挥下，“班米克利”号参加了在地中海发动的进攻行动，其上的舰载机据说曾对土耳其阵地进行轰炸。（天顶出版社）

可行的。1911 年 12 月 11 日，继施旺的英雄壮举后，在英格兰东南的梅德韦河上，隶属皇家海军的阿瑟·朗莫尔中尉驾驶第 38 号肖特改进型 S27 飞机安全降落。

1912 年 1 月 10 日，在英国希尔内斯港，查尔斯·萨姆森海军中尉驾驶第 38 号肖特改进型 S27 飞机，从一艘前无畏级战列舰“非洲”号飞行甲板上起飞。这条下倾式飞行甲板长 100 英尺（约 31 米），安装在 21 英寸（约 533 毫米）口径舰艏大炮的炮塔上方，并铺有铁轨，以使飞机在起飞时保持正确方向。舰员在这一木质飞行甲板上反复跳跃，以检验它的强度。萨姆森驾机滑行完整个飞行甲板后才飞离舰艏，先是向梅德韦河河面俯冲，然后又慢慢拉升起来。

飞机爬升至 800 英尺（约 244 米）高度，绕着“非洲”号盘旋了几圈，舰员们发出了热烈的欢呼。但接下来的一幕令人紧张到了极点，飞机几乎要一头撞上这艘战列舰的桅杆。不过最后，萨姆森把飞机安全降落在附近的空军基地。

1912 年春天，英国国王乔治五世携军方与政府高层，一起前往韦茅斯湾参加海上阅兵。阅兵式上，4 架海军飞机参加了飞行表演。5 月 9 日，萨姆森成为首位从在航军舰甲板上起飞的飞行员。1 月份在“非洲”号上成功使用的飞行甲板及其支撑结构，又被安装在其姊妹舰“海伯尼亚”号上，就连固定位置也是一样的，都在舰艏炮塔上方。

萨姆森进入第 38 号肖特改进型 S27 飞机，发动 70 马力的诺姆发动机，加速冲出飞行甲板。此时，“海伯尼亚”号正以 10 节（约 19 千米 / 小时）速度航行在韦茅斯湾，与波特兰港的距离不超过 3 英里（约 5 千米）。这一次，萨姆森只借助了不到甲板一半的长度，也就是 45 英尺（约 14 米）左右，便获得了足够升空的速度。最终，他飞越韦茅斯湾，降落在普雷斯顿村附近的洛德摩尔东端。7 月 4 日，这座飞行甲板再次搬家，被安装在另一艘皇家海军战列舰“伦敦”号上。当时，这艘军舰以 12 节（约 22 千米 / 小时）的航速逆风行驶，萨姆森在甲板上只滑行了 25 英尺（约 8 米）便成功起飞。

1912 年 5 月 18 日，自称“英国皇家飞行俱乐部官方媒体”的《飞行》杂志，对海军在韦茅斯湾取得的成功进行了报道。报道称：“在国王检阅他的战舰时，海军飞行员的表演，一定使海军当局相信，航空技术已经发展到实用阶段，他们不应再犹疑不定。这次表演也让他们相信，海军并不缺少世界一流的飞行员！”

截至 1912 年年底，提升空中作战能力已成为英国皇家海军的优先任务。当时有 16 架飞机在服役，包括用于陆地作战的 8 架双翼机和 5 架单翼机，以及 3 架水上飞机。第二年，皇家海军建立了几个水上机场，并有 2 架飞机成功地从“竞技神”号轻型巡洋舰舰桥前的跑道上起飞。1914 年 10 月 31 日，该舰在第一次世界大战（后文简称一战）中被德军 U–27 潜艇发射的鱼雷击沉。1912 年 10 月，萨姆森被擢升为英国皇家飞行总队海军联队指挥官。

一战期间，英国皇家海军飞行员的主要任务是，对英国岛屿开展空中防御、对德军 U 型潜艇开展反潜巡逻，以及针对德国齐柏林飞艇发动的空袭实施安全保卫。为了能将飞机从水面吊起或放下，英国改装了水上飞机母舰，后来还给其中几艘加装了短距飞行甲板。这种甲板可供装有浮筒和伸缩轮式起落架的水上飞机起飞，但这种情况较为少见。

皇家海军最早的水上飞机母舰有“恩加丹”号（*Engadine*）、“皇后”号（*Empress*）和“里埃维拉”号（*Riviera*）。一战前，这些由蒸汽机船改装的母舰一直在英吉利海峡水域活动。1914 年 12 月 25 日，12 架水上飞

1914... L'attaque de CUXHAVEN (port allemand, mer du Nord) par les hydravions et contre-torpilleurs anglais
1914... The CUXHAVEN action (German port in the north sea) by the English hydroplanes and counter torpédoes

E·L·D

1914年12月25日，英国皇家海军航空队飞机攻击了德国萨克森州库克斯港的齐柏林飞艇基地。12架水上飞机参加了空袭，这在一战中尚属首次。这种对该事件异想天开的解读似乎夸大了与齐柏林飞艇发生空中遭遇战的激烈程度。（天顶出版社）

机从 3 艘母舰上起飞，在欧洲发动了首次海上空袭，攻击了德国萨克森州库克斯港的齐柏林飞艇基地。虽然结果令人失望，但 1915 年 1 月 1 日，《飞行》杂志宣称："空袭库克斯港是英国皇家海军航空队首次动用水上飞机，从海上对敌港发动攻击。不论战果如何，其本身就是一个历史性事件。不仅如此，这也是海军历史上首次同时从空中、水面和水下实施的打击。"

1914 年 12 月 10 日，英国的"皇家方舟"号（*Ark Royal*）入役，这是皇家海军设计建造的第一艘水上飞机母舰。1915 年，该舰在达达尼尔海峡参加了加里波利战役。在这场注定失败的战斗中，它的舰载机执行了监视与侦察任务。

"皇家方舟"号是英国皇家海军设计建造的第一艘水上飞机母舰，1914 年 12 月 10 日入役。1915 年，它参加了达达尼尔海峡的作战行动，其舰载机多用于监视与侦察任务。（美国国会图书馆）

萨姆森是首批参加作战的海军飞行员之一。这批飞行员从达达尼尔海峡陆上基地出发，对德军 U–21 潜艇进行了打击。1916 年 5 月 14 日，萨姆森担任“班米克利”号（*Ben-my-Chree*）水上飞机母舰舰长。母舰是由在马恩岛附近水域运营的蒸汽船改装而来。萨姆森及飞行员们驾驶肖特水上飞机，对土耳其阵地执行了轰炸，据说还对一艘敌舰实施了鱼雷攻击。

虽然水上飞机母舰具有一定的使用价值，但它对舰队的作用相当有限。原因很简单，母舰无法与速度更快的军舰保持同步，需要时走时停，以发射和回收飞机。阻碍水上飞机母舰发展的主要问题在于，在其飞行甲板上难以像陆基轮式飞机一样产生足够的空速，而且，装备可伸缩轮子的浮筒起落架只取得了部分成功。

一战中，经过改装的远洋邮轮“坎帕尼亚”号（*Campania*）和水上飞机母舰“维迪克斯”号（*Vindex*）完成了里程碑式飞行活动，证明了航母完全可以起降高性能的陆基飞机。1915 年 8 月 6 日，一架装有双浮筒和轮式起落架的索普威斯“婴儿”水上飞机，从“坎帕尼亚”号上起飞。11 月 3 日，在“维迪克斯”号以 12 节（约 22 千米 / 小时）的航速航行时，一架布里斯托“侦察兵”C 型轮式双翼机从飞行甲板 46 英尺（约 14 米）处起飞。至此，航母空中力量在战时的发展和运用向前跨跃了一大步。在北海作战时，从“维迪克斯”号上起飞的布里斯托“侦察兵”飞机，袭击了德国位于丹麦南部岑讷的齐柏林飞艇基地，还首次用舰载机拦截了一艘敌方飞艇。

航母空中作战最后且最令人生畏的一个方面，就是让飞机降落在正在航行的舰艇甲板上。为解决这一重大问题，英国皇家海军将“暴怒”号（*Furious*）战列巡洋舰改建为史上首艘真正的航空母舰。1917 年 5 月，在“暴怒”号还在建造时，政府下令拆除 18 英寸（约 457 毫米）口径的前炮

塔，加装 1 座机库和 1 座 228 英尺（约 69 米）长的飞行甲板。新配置是可行的，但并非没有风险。着陆飞机需要在舰艇的上层结构周围盘旋以寻找降落的时机。

“暴怒”号最初搭载 6 架索普威斯“幼犬”战斗机和 4 架水上飞机，由中队长埃德温·邓宁（Edwin Dunning）指挥。1917 年 8 月 2 日，在苏格兰奥克尼群岛斯卡帕湾，英国皇家海军锚地试飞中，邓宁驾驶的索普威斯“幼犬”战斗机从“暴怒”号上起飞。这架飞机专门配备了供甲板水手抓取的操纵带，随后匹配了“暴怒”号 26 节（约 48 千米 / 小时）的巡航速度。他迎着速度高达 21 节（约 39 千米 / 小时）的逆风飞行，围绕舰上烟囱盘旋了一圈，随即迅速下

在威尔弗雷德·哈迪创作的这幅画中，中队长埃德温·邓宁于 1917 年 8 月 2 日驾驶索普威斯“幼犬”双翼机，降落在皇家海军“暴怒”号航母上。邓宁完成的这次降落，是史上首次成功地在航舰艇着舰。飞机首先必须匹配“暴怒”号 26 节（约 48 千米 / 小时）的航速，然后切断油门并迅速下降。飞机降落后，水手们需要迅速跑向飞机，用操纵带将其安全拉停。不幸的是，邓宁在 5 天后的一次事故中丧生。（威尔弗雷德·哈迪 / 私人收藏 / 看与学历史图片档案馆 / 布里奇曼图片社）

降，切断油门，在甲板附近侧滑，水手们奋力抓住操纵带，迫使飞机安全降落。

5天后，邓宁再次升空并成功着舰，并且当天又进行了第二次起飞。这次，一股上升气流掠过左舷机翼，将他的索普威斯“幼犬”战斗机掀翻在甲板边缘，导致发动机熄火。飞机从舰艏右舷坠海，邓宁随即陷入昏迷，不幸溺亡。

因为邓宁的事故，“暴怒”号飞行甲板被加长至300英尺（约91米），其位置也转移到舰艉区域，并安装了简易拦阻装置，包括重型拦阻索及由绳索做成的防坠屏障。“暴怒”号及随舰航空部队继续创造着历史。1918年7月19日，7架索普威斯“骆驼”战斗机从该航母的甲板上起飞，对丹麦南部岑讷的齐柏林飞艇基地进行打击，击毁了L–54和L–60两艘德国飞艇。20世纪20年代，“暴怒”号的飞行甲板被改成上倾式，长576英尺（约176米），宽92英尺（约28米），长度约占舰长的3/4。该舰在整个二战期间都在服役，最终于1948年被拆解出售。

一战接近尾声时，人们意识到，航母无疑将在未来冲突中扮演重要的角色，英国海军部决定专门设计一艘可以当作航空母舰使用的战舰。其结果是，英国皇家海军“百眼巨人”号（*Argus*）诞生了，这是世界上首次以航母为目的设计建造的舰船。

早在1912年，苏格兰威廉·比尔德莫尔公司曾向英国海军部提议设计一艘航母：它的飞行甲板几乎延伸至整个舰体长度，且飞机活动不受上层建筑的妨碍。起初，该公司的提议并未获得多少支持。但“暴怒”号的使用经验证明了重新设计的必要，最终这一提议获得了广泛认可。

战时，航母项目起初遇到了一些挑战，但位于苏格兰西丹巴顿郡克莱德班克镇的比尔德莫尔造船厂碰巧找到了解决办法。1914年，意大利萨伏

英国皇家海军“百眼巨人”号是世界首艘全新设计建造的航母。早在 1912 年，英国就开始考虑建造这样的军舰。1918 年 9 月 16 日，“百眼巨人”号入役。建造该舰的目的本是为了在北海作战，可直到一战停战协议签署后，它才完工。（美国国会图书馆）

1916 年 5 月，在建造英国皇家海军战列巡洋舰“暴怒”号时，英国海军部命令拆除舰艏炮塔，安装 1 座机库和 1 个 228 英尺（约 69 米）长的飞行甲板。完工后，“暴怒”号成为历史上首艘由军舰改建并服役的航母。（天顶出版社）

一战期间，3 架英国双翼机排成一排，停放在由战列巡洋舰改装的“暴怒”号航母飞行甲板上，舰员正在对其进行维护。“暴怒”号在历史上具有重要意义，在两次世界大战中作为航母发挥了重大作用，最终于 1948 年拆解出售。(《编年史》杂志 / 阿拉米图片社)

伊劳埃德客轮公司曾从此处订购了两艘船。一战的爆发使得其中一艘，即“罗索伯爵”号（*Conte Rosso*）班轮的建造工作停滞了。1916 年 9 月，英国海军部买下尚未完工的船体，开始了全通式飞行甲板航母的改装工作。这艘航母没有上层建筑，只有一个独立机库甲板用于维修和出动飞机；它的小型驾驶室，在飞机起飞时可以降下，以清除甲板上的所有障碍。这种驾驶室设计被认为是临时性的，在福斯湾测试时，甲板上还搭建了由木材和帆布构成的岛形建筑以进行评估。

英国皇家海军“百眼巨人”号航母，以希腊神话中的百眼巨人阿耳戈斯（Argus）命名，排水量 1.455 万吨，1918 年 9 月 16 日入役，飞行甲板长 556 英尺（约 169 米），编制舰员 401 人。它的动力系统由 4 台蒸汽涡轮机组成，可为 4 台螺旋桨式推进器提供 2 万轴马力的动力，最高航速超过 20 节（约 37 千米 / 小时）。舰上配置了 6 门 102 毫米的防空炮，搭载了 18 架索普威斯“布谷鸟”鱼雷轰炸机。

皇家海军在北海作战时一直面临德国远洋舰队的威胁，英国海军部原本希望“百眼巨人”号可以用来反制这一威胁。然而由于缺少劳动力，航母的建造速度缓慢，等到它可以投入作战时，一战各国已经签署了停战协定。

“百眼巨人”号的建造和部署取得进展的同时，皇家海军也在继续改装其他战舰，以适应飞机上舰的需要。因其大大优于水上飞机和飞行艇的性能，轮式陆基飞机受到广泛关注。1917 年 6 月和 10 月，空军中校拉特兰（F. J. Rutland）成功从“雅茅斯”号（*Yarmouth*）巡洋舰和“反击”号（*Repulse*）战列巡洋舰上，起飞了未经改装的索普威斯“幼犬”战斗机。一战结束时，22 艘轻型巡洋舰加装了短距飞行甲板。另外，皇家海军战列舰和战列巡洋舰也配备了飞行甲板，舰艏炮塔上方的甲板用于起降双座机，舰艉炮塔上方甲板用于起降单座轻型战斗机。至此，英国皇家海军舰

英国皇家海军的“百眼巨人”号，是史上首艘专门以航母为目的建造的军舰。图为一架双翼机正朝着它的飞行甲板飞来，英国皇家海军官兵在一旁观看。飞机着舰通常要比起飞难得多，因为海浪会使甲板上下颠簸、左右摇晃。（风车摄影 / 罗伯特 · 亨特博物馆 /UIG/ 布里奇曼图片社）

船上舰载机的总数已经超过 100 架。

1910 年 3 月 28 日，在地中海沿岸法国马赛港西北数十千米外的贝雷湖，亨利 · 法布尔（Henry Fabre）驾驶“法布尔水上飞机”，成为有文字记载以来第一位完成飞机从水上起飞的飞行员。法布尔水上飞机的动力源自一台 7 缸尼奥姆“欧米茄”转子发动机，它可以为飞机提供 50 马力的动力。当天，法布尔一共完成 4 次起降，其中最长一次飞行距离超过了 650 码（约 594 米）。包括格伦 · 柯蒂斯在内的众多飞行员和飞机设计师均与法布尔有过通信往来。法布尔生于 1882 年 11 月 29 日，活了 101 岁，生前是 20 世纪仅存的航空先驱之一。

平台试验

海军舰船上最早的飞行甲板是由简单的木板铺成，专门用于飞机起飞。这种木质坡道通常较短，因为早期作战飞机需要的起飞速度并不快。甲板具有下倾坡度，铺于舰艏的一座主炮塔上方。距离短，有一定下倾坡度，再加上转向风，这些均有助于飞机迅速爬升。当时，在战列舰和战列巡洋舰等大型舰船的炮塔上方，还装有可移动的“起飞”坡道，用于侦察机的起飞。

飞机在军舰上降落时，不论是早先处于锚泊状态的，还是之后在航行的军舰上，都需要安装拦阻装置。该装置由配有沙袋的绳索或线缆构成，横放于上倾甲板上。早期飞机没有制动器，因此在尾部安装小型尾钩，用于钩住拦阻索，上倾的坡度是为了减缓并安全地拦停着舰的飞机。随着英国皇家海军首艘专门建造的“百眼巨人”号航母服役，没有任何障碍的全通式甲板显然成为空中作战行动的最优选择。

早期飞机也进行了一些适应海战用途的关键性改装。第一批水上飞机被由绳索和滑轮组成的起降装置吊装到舰船上，它们的浮筒上有时还会安装伸缩轮式起落架，以便起飞时能在飞行甲板上滑行。轮式飞机有时会被改成起落橇，并在尾部加装勾住绳索的尾钩，以便在舰船上起降。航母上机库空间有限，飞机机翼被设计为折叠式。1913 年，英国飞机生产商肖特兄弟公司获得折叠机翼的首个专利。随着航母作战的不断发展，单座机和双座机都可随舰部署。

照片拍摄于 1911 年 1 月 18 日中午。摄影师站在美国海军“宾夕法尼亚”号装甲巡洋舰舰桥附近，抓拍到尤金·伊利驾驶柯蒂斯推进式飞机从新铺设的甲板上起飞的瞬间。当天上午，伊利从加州塞尔弗里奇基地起飞，并首次在舰船甲板上成功降落。这次，他平安返航到塞尔弗里奇基地。（美国国家档案馆）

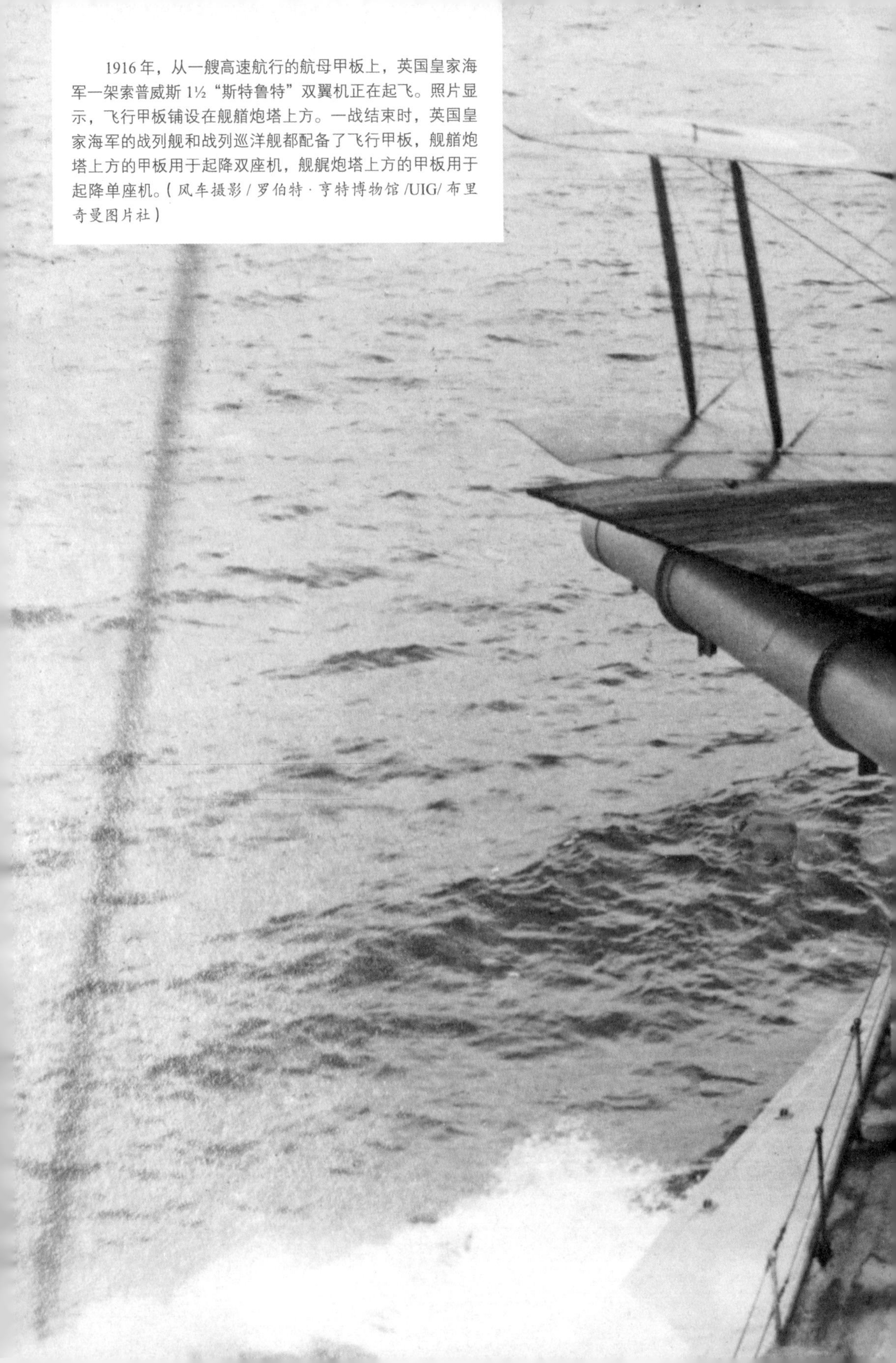

1916年，从一艘高速航行的航母甲板上，英国皇家海军一架索普威斯 1½“斯特鲁特”双翼机正在起飞。照片显示，飞行甲板铺设在舰艏炮塔上方。一战结束时，英国皇家海军的战列舰和战列巡洋舰都配备了飞行甲板，舰艏炮塔上方的甲板用于起降双座机，舰艉炮塔上方的甲板用于起降单座机。（风车摄影 / 罗伯特 · 亨特博物馆 /UIG/ 布里奇曼图片社）

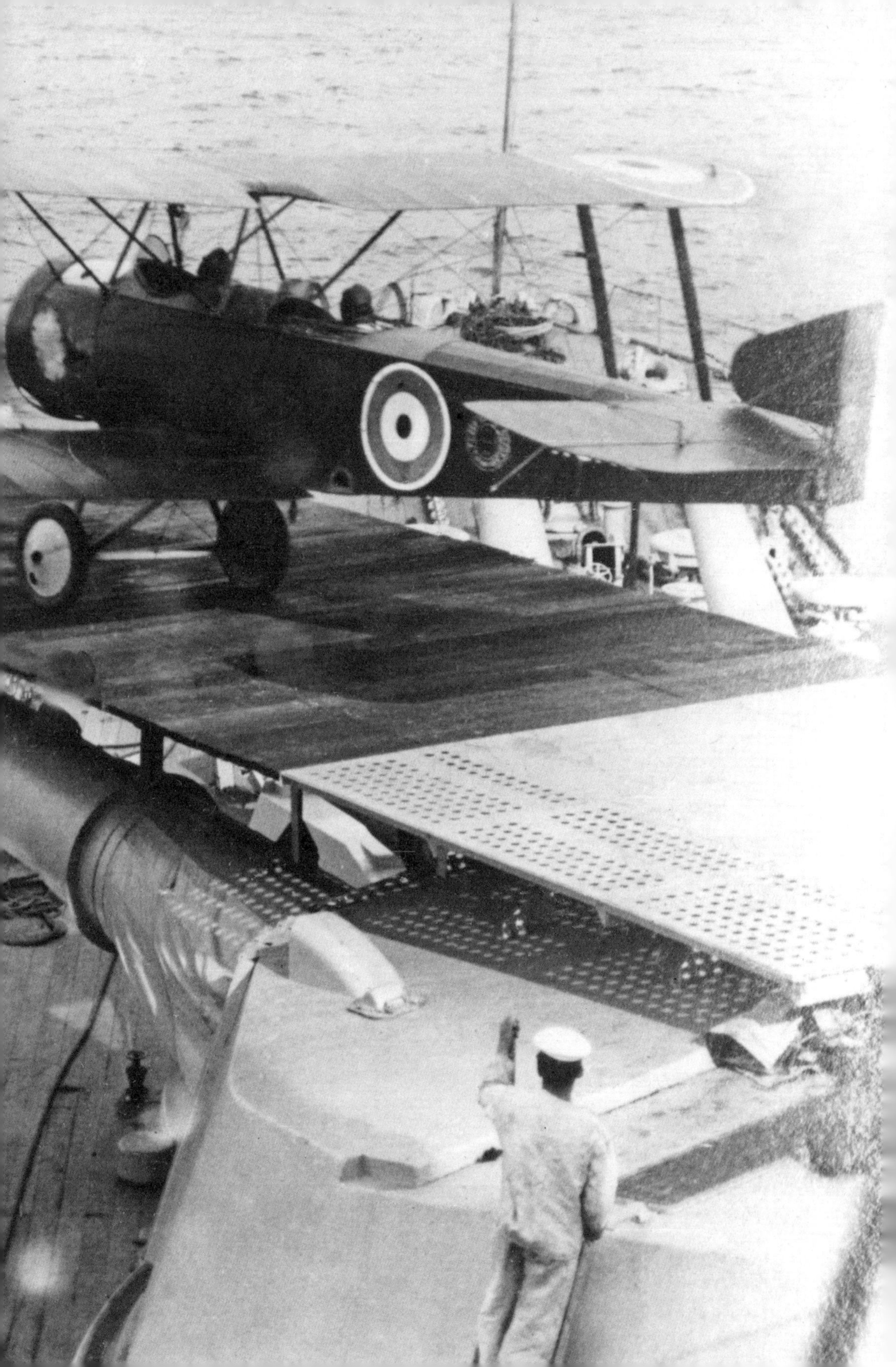

在摩纳哥附近水域，法国飞行员亨利·法布尔坐在他的“法布尔水上飞机”控制台前。从画面看，一艘船用缆绳牵引飞机，帮助它进入预定位置，以便从水上起飞。1910年3月28日，在地中海沿岸法国马赛港西北数十千米外的贝雷湖，法布尔成为有文字记载以来第一位完成飞机从水上起飞的飞行员。（美国国会图书馆）

法布尔的探索推动法国海军研发了历史上第一艘水上飞机母舰“闪电”号（*Foudre*）。1911年冬，该航母在法国土伦港由一艘布雷舰改装而成。一些观察家对“闪电”号是同类舰船中第一艘的说法提出质疑，因为事实上英国皇家海军在1913年春为类似目的，给“竞技神”号安装了临时飞行甲板。然而，“闪电”号入役时间似乎早于“竞技神”号的改装。无论如何，它的航母改装标志着“闪电”号的第四次变身：此前“闪电”号于1896年作为鱼雷舰入役，1907年改装为维修船，1910年成为布雷舰。

“闪电”号舰艏上方建有1个飞行甲板，烟道后方有1座机库和1台升降机，以便在水上飞机降落后将其从水中吊到舰上。舰上还建有可为多达8架水上飞机提供服务的设施，这些飞机包括法曼型、纽波特型和宝玑型。1912 年，法国海军进行测试与演习，6713 吨重的“闪电”号表现出色，其舰载水上飞机展示出较高的侦察能力。

1913 年 11 月，“闪电”号安装了 1 个经过改进的飞行甲板，长 33 英尺（约 10 米），以方便高德隆 G3 水上飞机使用。1914 年 5 月 8 日，该机成功从“闪电”号起飞。一战爆发之后，它的飞行甲板被拆除，后续测试被取消。后来，“闪电”号充当过潜艇供应舰、运输舰、指挥舰和飞行员训练舰。1921 年，这艘具有历史意义的军舰退役并被拆解出售。

在 1909 年出版的著作《军事航空》（*L'Aviation Militaire*）中，虽然富有远见的法国作家兼发明家克雷芒·阿德尔（Clément Ader），以不可思议的准确度描绘了现代航空母舰，但法国航母研发一直没有什么进展，直到 2.25 万吨的“贝亚恩”号（*Béarn*）出现。“贝亚恩”号原本是一艘诺曼底

这张彩色明信片发行于 2010 年，以纪念亨利·法布尔一个世纪前的初次飞行。为法布尔水上飞机提供动力的，是一台 50 马力的转子发动机。（天顶出版社）

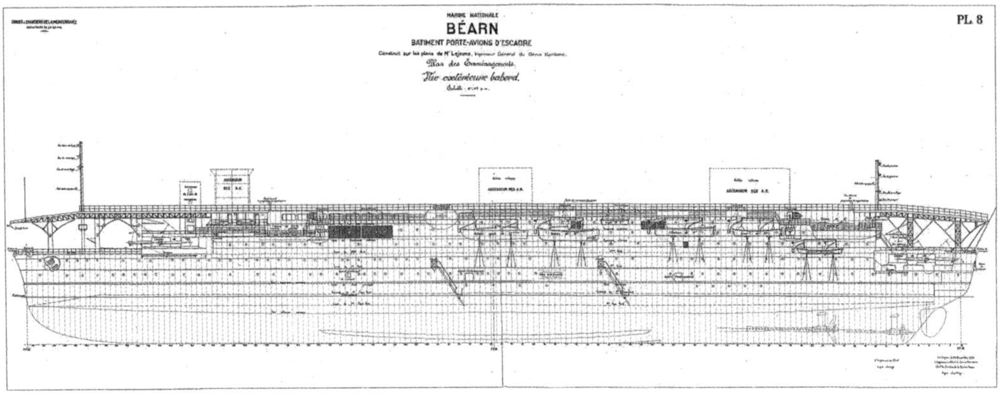

这张法国航母“贝亚恩”号的施工图纸，揭示了 20 世纪 20 年代中期航母设计已经取得较大进步。“贝亚恩”号排水量 2.25 万吨，图纸中可以看出有平齐甲板设计，飞行甲板与舰体长度相当。（天顶出版社）

级战列舰，1927 年才完成了为期 5 年的改造计划。在这本带有预言性的《军事航空》出版 18 年后，法国的航空母舰终于入役了。

阿德尔在书中写道：

一种可搭载飞机的舰船已经变得不可或缺。这种舰船建造时所依据的图纸，完全不同于当前使用的舰船设计图纸。首先，甲板上不能有任何障碍物，它应该是平坦的，在不危及船体吃水线的情况下应当尽可能宽，看上去就像一座机场……飞机必须存放于甲板下，牢牢固定在各自的基座上，以防止上下颠簸和左右摇摆。飞机出入下层甲板要使用升降机，升降机的长宽要能够容纳折叠机翼的飞机。甲板上有一扇大型滑动活板门可以盖住机库出口，连接处使用防水设计，以防雨水或海水灌入。

阿德尔介绍称：“飞机的着舰操作必须十分精确，舰船逆风航行，舰艉无障碍，但前方需设一个填充堡垒，以防飞机越过停止线。”

在世界另一端，日本早在 1912 年便对海军航空产生了兴趣。当时，早期的航空爱好者进口了欧洲和美国设计的一些飞机，日本帝国海军也成立了海军航空研究委员会。6名海军军官被派往美国和法国购买水上飞机，并学习驾驶和维修新型飞机。到1917年，日本20世纪的三大飞机制造商——三菱、川崎和中岛，已开始运营。日本设计的第一架功能性飞机是横厂式浮筒双翼机，由日本帝国海军的中岛知久平大尉和马越喜七大尉设计，1916年完工。

1884年1月1日，中岛知久平在东京北部群马县出生。1909年，他进入海军服役，2年后成为日本首艘作战飞艇的驾驶员。1912年，他被派往美国接受飞行训练，进入格伦·柯蒂斯在圣迭戈创办的飞行学校进修。后来，他创办了中岛飞行机株式会社。他的第一份合同就是为日本军方制造20架飞机，后顺利交付。

1912年11月2日，日本在横须贺附近建造了1座海军航空站，2名日本飞行员分别驾驶法国法曼公司和美国柯蒂斯公司的飞机进行飞行表演。同年，海军飞行员正式开始训练。1914年8月，“若宫”号水上飞机母舰入役。“若宫”号原为沙皇俄国“莱辛顿”号（*Lethington*）货船，1904—1905年日俄战争期间被日本俘获，1913年转交日本帝国海军，后被当作运输船使用。次年，这艘7720吨的舰船被改装为水上飞机母舰，搭载4架法曼MF11“短角牛”水上飞机。这些飞机通过起重机下到水面。

1914年秋，一战升级，“若宫”号参战，攻击德国占领的中国青岛。它的舰载水上飞机打击了众多目标，包括德国“美洲虎”号（*Jaguar*）炮舰和奥匈帝国“凯瑟琳·伊丽莎白”号（*Kaiserin Elisabeth*）巡洋舰。这是世界上有文字记载以来第一次从海上发起的空袭。

2名英国皇家海军军官观察了日本对青岛的空袭，并报告称：

只要天气允许，日本的水上飞机每天都会从母舰上起飞执行侦察任务。在整个围攻期间，这些飞机一直在搜集有价值的情报。母舰上安装了几台起重机，将飞机吊入和吊出母舰。在这些侦察中，它们经常受到德军炮火的攻击，大部分都是弹片，从未被命中。而这些日本飞行员通常会携带炸弹，将它们投掷到敌方阵地上。

“若宫”号向德国在青岛的周边阵地发动了50次空袭，投掷了大约200枚炸弹，据称击沉了一艘德国布雷舰。1920年春，“若宫”号被改装为航母。同年6月，日本飞机首次从它的甲板上起飞。

一战结束前，日本帝国海军成立了最早的两支航空队，一支于1916年4月在横须贺组建，另一支于1918年3月在佐世保组建。

尽管亨利·法布尔及预言作家兼发明家克雷芒·阿德尔等人取得了巨大的航空成就，但法国直到20世纪20年代中期才设计建造出“贝亚恩”号航母。“贝亚恩”号原本是一艘诺曼底级战列舰，法国用了5年时间将其舰体改造为航母。（天顶出版社）

一架费尔雷“鹟鸟”战斗机在“鹰”号航母上空巡航。“鹰”号是一战结束前英国皇家海军在建的两艘航母之一。它改装自无畏级战列舰，参加过 1920 年西西里岛沿海空中作战。此战有助于塑造皇家海军的空中作战原则和程序。（英国皇家空军博物馆 / 盖蒂图片社）

第二章 改变海战 1918—1939

在一战最后一年，英国皇家海军坚信未来必有航母存在。停战之后，英国建造并最终部署了“百眼巨人”号，从而承认了两个事实：一是英国在日德兰海战中的经验表明，在大规模水面交战准备阶段，海上侦察是远远不够的；二是从航母甲板上起飞的飞机可以提供更好的实时情报，有助于己方掌握敌军战舰的部署情况。

此外，英国和日本分别攻击了德国位于北海的齐柏林飞艇基地以及位于青岛的要塞和船舶，展示了航母舰载机的攻击能力。然而，航母的进一步发展，却遭遇战后世界的残酷现实。一战的财政负担，使大部分欧洲国家负债累累。同时，大国海军的众多高级将领都是在无畏级战列舰时代成长起来的，他们坚信在汪洋大海之中，战列舰的强大力量才是无可匹敌的。这些“战列舰派”强烈反对将宝贵的资源花费在新出现的航母上。

也许最大的阻碍还是20世纪二三十年代笼罩全球的厌战情绪。一战造成的人类悲剧，衍生出了和平主义思潮和大范围的裁军浪潮。比如，美国民众担心美国被卷入欧洲的战争，产生了孤立主义情绪。在1941年日本偷袭珍珠港之前，这种情绪一直都是美国外交政策中的一项重要因素。

20世纪早期，英国皇家海军的规模仍是世界上最大的，它保卫着幅员辽阔的大英帝国，是维护国家安全的主要力量。作为英国的盟国，美国和日本也在一战时期组建了强大的海军。日本参照英国皇家海军的组织架构建立了海军，并大量购买英国船厂生产的军舰。同时，美国总统伍德罗·威尔逊（Woodrow Wilson）也认识到，有必要在大西洋和太平洋沿岸部署海军，以保卫美国领土。

1916年，威尔逊宣布了一项为期3年的美国海军两洋扩建计划，其中包括建造大量战列舰，将其总数增加至50艘。虽然国会反对力量与日俱增，美国公众反应也不尽相同，但6艘新战列舰和6艘巡洋舰的建造工作已然开始。英国和日本也在大肆扩充舰队。

军备竞赛的迅猛发展，迫使世界各主要海军强国于1921年11月齐聚美国华盛顿，坐在谈判桌前。具有讽刺意味的是，华盛顿限制海军军备会议的初衷是遏制战争威胁，控制海军军备竞赛的成本，但结果却发展了航母这种有史以来最具攻击性的军舰。当然，由美国、英国、日本、法国和

烟囱中升起浓烟，预示着英国皇家海军“竞技神”号启动发动机，准备出海。这张照片是1931年在中国烟台海岸拍摄的。“竞技神”号舰长约为“鹰”号的一半，是英国首艘全新设计建造的航空母舰，排水量略高于1.1万吨。（美国国家海军航空博物馆/罗伯特·劳森拍摄/1996.488.037.035号）

意大利于1922年2月6日缔约的成果是不可否认的。

在大规模的海军建设过程中，美国表示愿意将其一定比例的在建海军吨位交付废料厂，以换取对每个签约国授权完成的舰船类型和吨位的限制。美国、英国和日本分别同意了著名的航空母舰和战列舰合计相对比例为5:5:3的吨位比，而法国和意大利允许保持1.75的相对吨位比。战列舰被限制不得超过3.5万吨，并明确10年内暂停新造战列舰和战列巡洋舰等主力军舰。

在《华盛顿海军条约》签署之际，美国海军尚有2艘在建的战列巡洋

一战结束前，“竞技神”号与“鹰”号都在建造中。基于一种改进的水上飞机母舰设计，“竞技神”号于 1919 年 9 月下水，1923 年 7 月入役。此前在“鹰”号上进行的飞行测试，导致该舰在建造过程中进行了两次重新配置。这张照片是从“竞技神”号舰艉左舷拍摄的，时间是 1937 年。（天顶出版社）

舰，即“列克星敦”号和“萨拉托加”号（*Saratoga*）。条约规定，美国航母的总吨位不得超过 13.5 万吨，于是两舰被改造为航母，但它们的吨位都是 3.3 万吨，超过了单艘航母不得超过 2.7 万吨的限制。

20 世纪 20 年代初，世界三大海军强国开始加大海军航空部队的建设力度，最明显的证据就是改装和建造航母。到 20 年代中期，任何时候都至少有 6 艘航母在服役，或在建造。

停战协议签署时，英国皇家海军 1.455 万吨的“百眼巨人”号已经服役。另外两艘航母，即“鹰”号和“竞技神”号正在建造中。“鹰”号是

20 世纪 20 年代初，改造后的“暴怒”号，被加装了 1 座舰岛、1 个与舰体等长的飞行甲板，以及 1 座可停放 10 架飞机的机库。“暴怒”号是英国皇家海军首批服役的航母之一，但在现代化来临之时，它已尽显老态。（美国国会图书馆）

由一艘无畏级战列舰改装的，“竞技神”号是英国第一艘自主设计建造的航母。

排水量 2.22 万吨的“鹰”号于 1918 年 6 月 6 日下水，1920 年 4 月 13 日入役。英国皇家海军造舰负责人坦尼森・达因科特（E. H. Tennyson d’Eyncourt）爵士，牵头将该舰重新设计成一艘航母，并将飞行甲板延长至长 670 英尺（约 204 米）与舰体等长。航母飞行甲板上没有建造任何舰岛或桅杆，安装了 32 个亚罗水管锅炉，可为 4 台帕森斯齿轮传动涡轮机提供蒸汽，产生 5 万轴马力，最高航速 24 节（约 44 千米 / 小时）。它装有

9 门 6 英寸（152 毫米）口径舰炮，可以迎击敌方的水面舰船，此外还配有四联 4 英寸（102 毫米）口径的防空炮。

英国获得的众多实践经验，包括“鹰”号在西西里岛附近地中海上的飞行测试，以及“百眼巨人”号空中作战的教训，都影响了“鹰”号的重新设计。该计划于 1920 年秋开始，历时 3 年多才宣告完成。其飞行甲板右舷设有 1 座舰岛，可以协助空中作战和导航。舰岛上并排安装 2 个桅杆，前方是 1 座火炮控制站。此外，它还加装了第 2 座烟囱。在不同时期，根据舰载机种类不同，“鹰”号可搭载 21—30 架飞机。

“竞技神”号航母于 1919 年 9 月 11 日下水，1923 年 7 月 7 日入役。“竞技神”号舰体小于“鹰”号，舰长 598 英尺（约 182 米），飞行甲板长 570 英尺（约 174 米），排水量 1.102 万吨，拥有 6 个水管锅炉和 2 台齿轮传动涡轮机，可提供 4 万轴马力的功率，最高航速 25 节（约 46 千米 / 小时）。共有 6 门单装 5.5 英寸（约 140 毫米）口径舰炮和 3 门 4 英寸（约 102 毫米）防空炮保护着该舰，可搭载 15—20 架飞机。

针对“竞技神”号，达因科特改进了工程师约翰·拜尔斯（John Biles）和杰拉德·霍姆斯（Gerard Holmes）在 1916 年给水上飞机母舰提出的设计方案。达因科特设计了 1 座巧妙的伸缩式甲板，以停放水上飞机，又设计了 2 座舰岛，分别位于飞行甲板两侧，让出空间以便控制空中作战和导航。2 座舰岛之间可以拉一张网，用于拦停俯冲降落的飞机。

在“鹰”号和“百眼巨人”号进行影响深远的飞行测试时，“竞技神”号的建造出现了延误，该舰于 1920 年和 1921 年分两阶段重新设计。水上飞机舰台被废弃，只在飞行甲板右舷安装 1 座舰岛，又将飞机从机库甲板运送至飞行甲板的 2 座升降机的位置做了调整。如此一来，飞行甲板与舰艏就齐平了。

航母理论的发展

早期的航母理论，是在认识到航母可以执行决定性进攻行动之后发展起来的。在20世纪20年代末至30年代初军事演练或舰队演习中，美国海军舰队航母不止一次地证实了这一点。毫无疑问，1932年2月7日，在第四次“陆海军联合演习”中，航母“萨拉托加”号和“列克星敦”号对珍珠港发动的成功“攻击”，证明这种作战行动不仅可行，而且很有可能重创美国太平洋舰队。

日本人当然注意到了这一事件，这使他们有胆量在约10年后，策划并发动了对珍珠港的偷袭。在此过程中，日本帝国海军推出了他们的战术航母战斗群，即由“赤城”号、“加贺”号、“苍龙”号、“飞龙”号、“翔鹤”号和“瑞鹤”号组成的第一航空舰队。日本联合舰队司令山本五十六海军大将意识到，如果集中航母战斗群的空中力量，跨越广阔的太平洋，可以对敌方海军发动决定性的打击。另外，“战斗群”（battle group）的概念一直沿用到今天。

在美国海军1920年11月1日进行的空中轰炸演习中，退役的“印第安纳”号战列舰半沉入切萨皮克湾。演习使用的是教练弹，舰上装有炸药，会在教练弹命中后爆炸。颇具争议的比利·米切尔（Billy Mitchell）将军宣称，他的美国陆军航空队的飞机可以击沉海上航行的任何战舰。美国海军授权此次试验，就是为了回应他这一断言。

日本帝国海军联合舰队司令山本五十六海军大将，极力鼓吹海军航空力量，并在40岁时取得飞行员资格。他发现了航母战斗群的潜在威力，这一概念在今天的战争中仍然适用。他反对与美国开战，却最终成为1941年12月7日袭击珍珠港的主要策划者。（美国国家档案馆）

20 世纪 20 年代中叶，由于非常担忧战列巡洋舰的概念在未来是否可行，加之《华盛顿海军条约》的签署，英国海军部开始评估当时在役军舰的未来。到 1925 年，英国对兼有战列巡洋舰和航母特点的“暴怒”号进行改造，加装了 1 座全通式甲板、1 座舰岛和 1 座可容纳 10 架飞机的机库。

1917 年，另外 2 艘战列巡洋舰“勇敢”号（*Courageous*）和“光荣”号（*Glorious*）开始服役。在海试中，两舰舰体应力方面出现了一些问题，但都参加了一战。根据《华盛顿海军条约》规定，英国皇家海军可以将超过 6.7 万吨的现有军舰改装为航母。1924 年，英国开始在德文波特皇家造船厂对“勇敢”号和“光荣”号进行改装，并于 1930 年完工。此次改装表明，英国海军部认为航母将重塑未来的海战。

英国皇家海军“勇敢”号作为战列巡洋舰入役。一战后，依照 1922 年《华盛顿海军条约》的规定，“勇敢”号及其姊妹舰“光荣”号被改装为航母。从如下全景照片中可以看到“勇敢”号流畅的线条和巨大的烟囱。勇敢级航母的体积是“竞技神”号的 2 倍多，表明英国海军部已经认识到此类舰船与日俱增的重要性。（英国皇家海军）

“光荣”号是勇敢级航母 2 号舰，也是由战列舰改装的。改装工作于 1924 年在德文波特皇家造船厂进行，并于 1930 年完工。“光荣”号比“勇敢”号略大，排水量超过 2.5 万吨。（英国皇家海军）

1939年9月17日，英国对纳粹德国宣战2周后，“勇敢”号航母在爱尔兰海岸附近巡逻，被德国U-29潜艇发射的2枚鱼雷命中航母左舷，20分钟后航母沉没，500人遇难。这幅逼真的艺术效果图出自艺术家之手，描绘了“勇敢”号沉入大西洋海底前的最后时刻。（美国国会图书馆）

1937 年 4 月 27 日，在巴罗维克斯－阿姆斯特朗造船厂，英国皇家海军“光辉”号航母正在建造中。该航母于 1940 年 5 月 25 日入役。“光辉”号入役时，英国已经对纳粹德国宣战。为了安装新型雷达，该航母的入役时间被推迟了。（戴维·萨维尔 / 盖蒂图片社）

这2艘新建的勇敢级航母装有18个亚罗水管锅炉和4台帕森斯蒸汽涡轮机，提供9万轴马力，最高航速30节（约56千米/小时）。舰体上部建有1座长550英尺（约168米）、高16英尺（约5米）的机库，在与机库水平的主飞行甲板下面，装有1个短距飞行甲板。随着推力更大的舰载机的发展，这项设计被废弃了。“光荣”号排水量2.537万吨，略高于“勇敢”号的2.46万吨。两舰排水量都是“竞技神”号的2倍以上。

每一艘改装后的航母，都能搭载最多48架飞机，包括布莱克本“飞镖”鱼雷轰炸机、费尔雷“鹟鸟”战斗机及费尔雷Ⅲ侦察机。20世纪30年代，新一代舰载机上舰，包括霍克“猎迷”反潜巡逻机和“鱼鹰”战斗机，以及费尔雷“剑鱼”双翼鱼雷轰炸机。

在英国皇家海军“光辉”号航母上，一名舰员引导抵近飞机在飞行甲板上着舰。他正使用一个由电池供电的新型灯光装置引导飞行员安全着舰。（赫尔顿档案馆/盖蒂图片社）

随着纳粹德国的战争威胁越来越大，英国皇家海军继续建造设计更实用的航母。根据1936年、1937年和1938年的计划，皇家海军采购了光辉级和怨仇级航母。1937年4月27日，在巴罗维克斯－阿姆斯特朗造船厂，“光辉”号航母开工建造，并于1940年5月25日入役。这时，英国已经处于战争状态。“光辉”号的完工日期被推迟，以安装可以预警飞机抵近的79型雷达。它是第一艘安装这种关键防御装备的航母。

光辉级航母还有“可畏”号（*Formidable*）和“胜利”号（*Victorious*），它们同样是1937年开工建造的。“可畏”号在北爱尔兰的贝尔法斯特哈兰德与沃尔夫造船厂建造，“胜利”号在沃尔森德维克斯－阿姆斯特朗造船厂建造。两舰均在右舷建有1座舰岛

1943年12月，英国皇家海军“不倦”号航母在苏格兰克莱德班克的约翰·布朗造船厂下水。“不倦”号延续了英国双机库和装甲防护的设计理念，这使舰载机容量减少至48架。（战争档案馆／阿拉米图片社）

和1座烟囱，排水量为23369吨，装有3个海军部锅炉和帕森斯齿轮传动涡轮机，功率为11.1万轴马力，最高航速31节（约57千米/小时）。“光辉”号航母长753英尺（约230米），飞行甲板长620英尺（约189米），而“可畏”号和“胜利”号的飞行甲板长650英尺（约198米）。舰上装有1座装甲机库，配有2座升降机，可将飞机送至上层飞行甲板。战争时期，英国又对其防空力量进行了调整，加装了40毫米口径博福斯舰炮和20毫米口径欧瑞康舰炮。

时任英国第三海务大臣的海军上将，雷金纳德·亨德森（Reginald Henderson）爵士是负责海军装备与采购的责任人，光辉级航母就是在他的监督下设计的。亨德森预见与德国的战争即将到来，并相信航母很可能会在北海、地中海和英吉利海峡的活动中受到敌机的攻击。为此，英国为机库加装了装甲，以保护舰体和飞机，使它在舰体受损情况下能继续进行空中作战。但此举的代价是，编制舰载机仅有36架，舰载数量大约仅为之前没有装甲防护的一半。

然而，到了1937年，因为担心光辉级航母的舰载机数量太少，英国再次调整设计。“不屈”号（*Indomitable*）保留了光辉级航母的装甲飞行甲板，但相比最初设计的单机库，又在该机库上方安装了第二机库，从而将舰载机数量增至48架。为了能够建造第二机库，“不屈”号将飞行甲板高度提升了14英尺（约4米），并将部分下层机库改作维修间，供新增飞机使用。

“不屈”号是光辉级航母，也可以和英国皇家海军在1939年，即二战前夕最后开工建造的“怨仇”号（*Implacable*）与“不倦”号（*Indefatigable*）等航母归入同一个级别，通常被称为怨仇级或改进型光辉级。“怨仇”号于1939年2月开工，由位于苏格兰格拉斯哥的高文费尔菲尔德造船厂建造。它装有3台海军部锅炉和帕森斯蒸汽涡轮机，功率14.8万轴马力，最高航速32.5节（约60千米/小时）。“不倦”号于1942年11月3日开工，由位于苏格兰克莱德班克的约翰·布朗造船厂建造。

二战初期，怨仇级航母的建造工作一度暂停，原因是必须优先建造驱逐舰、护卫舰和其他小型舰艇，用它们来为横渡大西洋的船队护航。“怨仇”号最终于1942年12月下水，“不倦”号也在一年后下水。和“不屈”号一样，它们都设有2座机库，并减少装甲防护，以便能在甲板下方停放48架飞机。和美军航母类似，英军航母也引入了“甲板停机”的理念，允许飞机停放在飞行甲板上，从而将编制舰载机增至81架。

这张照片中的“皇家方舟”号，由《伦敦图片新闻》（*Illustrated London News*）于1938年年底在朴次茅斯拍摄。在英国皇家海军二战前设计并服役的航母中，“皇家方舟”号是最有名的一艘。它的排水量为2.2万吨，是同类设计中唯一一艘航母。（德阿戈斯蒂尼图片库/阿尔弗雷多·达格里·奥尔蒂/布里奇曼图片社）

在英国皇家海军二战前设计的航母中，“皇家方舟”号是最有名的一艘，也是同名航母中的第二艘。第一艘“皇家方舟”号是水上飞机母舰，于1914年完工，排水量7750吨，一战期间入役。第二艘“皇家方舟”号于1934年设计，符合《华盛顿海军条约》对吨位的限制。它的排水量为2.2万吨，于1935年9月开工，由默西河畔的卡梅尔·莱尔德造船厂建造。

“皇家方舟”号是同类设计中唯一一艘航母，也是第一艘在处置机库与飞行甲板时，将它们作为舰体的一体式组成部分进行建造，而非后续加装或对上层建筑进行改装的航母。这艘著名航母发端于英国海军部1923年开始实施的一项10年造舰计划。然而，一战后接踵而至的经济困难，极大地延迟了它的建造工作。

虽然发展海军航空兵是英国皇家海军1923年任务的主要内容，但也仅涉及一艘航母。时任皇家海军造舰总监的阿瑟·约翰斯爵士接到的命令是：必须采用现有的最新技术。从1930年开始，约翰斯一直贯彻着这条命令。他极力增加航母舰载机的数量，采用蒸汽弹射器和拦阻索以提升飞机起降速度，并争取最大限度地利用空间。

“皇家方舟”号建有上下两层机库，配有3座升降机。起初，航母可搭载72架飞机，但后来因为飞机的体积和重量均有增加，这一数字减至50架左右。不同于后来的光辉级航母，“皇家方舟”号并没有采用全装甲防护，主要是沿舰体外缘，由与舰体一体的带状装甲保护。“皇家方舟”号的飞行甲板长800英尺（约244米），比自身龙骨长100多英尺（约30米），也比光辉级航母的飞行甲板长很多。另外，甲板距水线高度为66英尺（约20米）。

“皇家方舟”号的动力由6台海军部锅炉和3台帕森斯蒸汽涡轮机驱动，最高航速31节（57千米/小时）。二战前夕，该航母的空中补给多达6个飞行中队，配备布莱克本“贼鸥”战斗轰炸机、布莱克本“大鹏”战斗机和费尔雷“剑鱼”鱼雷轰炸机。“皇家方舟”号于 1937 年 4 月 13 日下水，12 月入役。在它短暂的服役期间，英国皇家海军对航母的战术和作战流程进行了评估和改进。

在两次世界大战之间，美国海军高层在海军航空事业的发展中，有时只是旁观者，有时则是积极的参与者。比利·米切尔准将对停泊在北卡罗莱纳州哈特拉斯角的固定船只，发动了历史性攻击试验。虽然这些海军高官帮助策划了这次演习，但不论在攻击之前还是之后，他们对此都持怀疑态度。

照片摄于 1913 年，随行拖船将“木星”号拖到系泊地。它注定要在美国海军航母发展史上发挥关键作用。1919 年夏，“木星”号被授权改装为航母，并于次年春在诺福克海军造船厂开工。改装后，它被重新命名为“兰利”号。（美国海军）

这张不可多得的照片摄于 1923 年，当时一架飞机正在美国海军“兰利”号航母的甲板上降落，人们在旁边的海边公园围观这一壮举。“兰利”号是美国海军第一艘服役航母，从这张照片可以看出它为何被称为“带篷马车”。“兰利”号排水量为 1.15 万吨，最多可搭载 36 架舰载机。到了 20 世纪 30 年代，它已略显陈旧，遂被改装为水上飞机母舰。（美国国会图书馆）

米切尔试图证明水面舰艇，特别是战列舰，是无力抵御空中打击的。他只成功了一半，而且他的过激言论最终让他走上了军事法庭。然而，在美国海军中，即使是强大的“战列舰派”的将军们也不得不承认，航空力量将成为未来海战中的一项重要因素——至少可以提供侦察。

20 世纪 20 年代末至 30 年代初，“列克星敦”号和“萨拉托加”号成为世界上体积最大、速度最快的航母。在“舰队演习”中，航母扮演进攻方，曾经成功针对巴拿马运河和珍珠港发动模拟进攻。也许美国率先掌握了舰队作战的攻击潜力，让专用航母完全融入了舰队作战。1921 年，美国海军成立航空局；随后，一位海军助理部长奉命监督海军航空事业的发展。

美国航母的设计工作始于一战的最后几个月。1919 年夏，美国海军下令对“木星”号运煤船进行改装。次年春，改装工作在弗吉尼亚州诺福克海军造船厂启动，包括拆除上层建筑，将 2 座烟囱沿着与 542 英尺（约 165 米）的舰体等长的飞行甲板，移至左舷舰艉同侧，并且安装了 1 台升降机。为它提供动力的是 3 台锅炉和 1 台通用电气涡轮电力系统，功率 7200 轴马力，最高航速 15.5 节（约 29 千米 / 小时）。这艘航母以科学家、工程师、航空爱好者萨缪尔·兰利（Samuel P. Langley）的名字重新命名，即“兰利”号，1922 年 4 月 7 日入役。

“兰利”号航母被称为“带篷马车”，舷号 CV–1，其中 C 代表“航母”，V 表示使用“比空气重”的飞机。它的排水量为 1.15 万吨，舰载机最多 36 架，但因甲板较短，只能起降速度较慢的双翼机，如沃特 VE–7 战斗机。该舰的攻击力较弱，但它充当了美国海军早期舰载机作战的平台。在这些发展成果中，最重要的就是飞机尾钩的使用，它可以钩住横在甲板上的缆绳，并与飞机的制动系统相连。到了 20 世纪 30 年代中期，“兰利”号略显过时，遂在旧金山附近的马里兰海军造船厂，被改装为水上飞机母舰。

美国海军首批舰队航母“列克星敦”号和“萨拉托加”号的建造工作始于 20 世纪 20 年代初。1922 年 7 月 1 日，经过短暂停工后，海军再次下令将这 2 艘战列巡洋舰改装为航母。1925 年 4 月，“萨拉托加”号下水；6 个月后，“列克星敦”号下水。两舰入役时间相差 1 个月，“萨拉托加”号是 1927 年 11 月，“列克星敦”号是 12 月。它们的飞行甲板长 866 英尺

1922年初，海军专家来到美国众议院海军委员会，用模型演示将在建战列舰改装为航母的可行性。照片从左至右依次为：戴维·泰勒（David W. Taylor）海军少将、海军航空局局长威廉·莫菲特（William A. Moffett）海军少将、纽约州共和党众议员弗雷德里克·希克斯（Frederick C. Hicks）、罗得岛州共和党众议员克拉克·伯迪克（Clark Burdick）、加州共和党众议员菲利普·斯温（Philip D. Swing）、海军工程局总工程师约翰·罗比森（John K. Robison）海军少将。（美国国家海军航空博物馆/1996.488.012.001号）

（约264米），没有装甲，配有2部升降机，可以将飞机从450英尺（约137米）长的双层巨型机库送至飞行甲板，或从甲板送回机库。1座舰岛偏置于航母右舷，巨大的烟囱从舰岛中部穿过。航母由16台锅炉和通用电气涡轮电力系统提供动力，功率18万轴马力，最高航速刚过33节（约61千米/小时）。

最初，这2艘列克星敦级航母均计划搭载78架飞机，但引入“甲板停机”理念之后，舰载机的数量增至90架。最初的舰载机为格鲁曼

美国海军舰队航母“萨拉托加”号进入华盛顿州普吉特湾干船坞，舰员和船坞工人聚在甲板和旁边码头。“萨拉托加”号于1925年4月下水，1927年11月入役。起初，“萨拉托加”号和“列克星敦”号均计划搭载78架飞机，后使用甲板停机方案，均可搭载90架。（美国国家档案馆）

F2F战斗机和波音F4B双翼战斗机、沃特SBU“海盗”战斗机和五大湖BGH双翼轰炸机，以及其他机型。后来，这些机型被20世纪30年代中期投入使用的单座单翼机所取代，如格鲁曼F4F“野猫”战斗机和道格拉斯SBD“无畏”俯冲轰炸机、TBD“毁灭者”鱼雷轰炸机，以及沃特SB2U“辩护者”俯冲轰炸机。卡尔·诺登（Carl Norden）是著名工程师，因发明以其名字命名的绝密级轰炸瞄准器而著称，正是他设计了最早的拦阻装置和弹射设备。1942年，舰上8英寸（约302毫米）口径炮塔被拆

舰员在港口或海上给朋友和家人写信时，通常会使用绘有各种图案的彩色信封邮寄。图片显示，这些信件是1935年至1949年间从美国海军的“突击者”号和“萨拉托加”号上寄出的。（天顶出版社）

除。其防空力量为 1.1 英寸（约 27 毫米）四联舰炮、20 毫米欧瑞康加农炮及 0.5 英寸（约 12 毫米）机枪。另外，“萨拉托加”号还配有 40 毫米博福斯舰炮。

美国海军第一艘全新设计建造的航母是“突击者”号（*Ranger*）。1927 年，美国总统卡尔文·柯立芝（Calvin Coolidge）出席日内瓦海军会议期间，呼吁继续限制军舰吨位，但收效甚微，于是向国会提出《巡洋舰法案》，“突击者”号便是根据这一法案订购的。柯立芝认为，美国海军的实力应与英国皇家海军相当，而这项法案的内容是只允许建造 1 艘航母。

“突击者”号 1931 年 9 月 26 日在弗吉尼亚州纽波特纽斯造船厂开工，1933 年 2 月 25 日下水，1934 年 6 月 4 日入役。它的排水量为 1.45 万吨，不到大型舰队航母的一半，因此不能归类为大型舰队航母。它的飞行甲板长 769 英尺（约 234 米），比舰体长出大约 40 英尺（约 12 米）。它装有 6 台锅炉和 2 台蒸汽涡轮机，功率 5.35 万轴马力，最高航速 29 节（约 54 千米 / 小时）。

虽然“突击者”号可搭载 86 架飞机，几乎与同时期体积更大的航母一样，但它只安装了轻型装甲，速度只能算是中等水平。最初，该航母采用全通式甲板设计，后增加 1 座小型舰岛，上层建筑上的 3 座烟囱可以在发动空中作战时向外侧放倒，以清除甲板上的任何潜在障碍。“突击者”号遇到大浪时容易发生横摇，因此在远洋开展空中作战的能力有限。

“大萧条”时期，美国人选举富兰克林·罗斯福（Franklin D. Roosevelt）担任美国总统。罗斯福当过海军助理部长，认为壮大海军不仅是明智的防御性措施，也是增加工作岗位的手段。国会于 1934 年采取行动，授权海军实施一项长达数年的建造计划，其中包括建造航母。随后的“约克城”号（*Yorktown*）和“企业”号等约克城级航母，在设计上吸取了前代航母的实践经验。

航母的操作

在航母部署的最初几十年间，航母的设计与舰上处理飞机起飞、降落、储存和服务的程序相互影响。例如为了完成任务，航母编制舰载机数量必须充足等紧迫问题，使得折叠翼飞机和甲板停机理念等得到应用。另外，飞机体积变得更大，推力变得更强，使得航母不必同时设置多座短距飞行甲板，因为这种设计在飞机起降时已不再具有实用价值。

对机库和飞行甲板进行装甲防护的做法，有的航母采用了，有的则没有。比如，英军航母一般都有装甲，这导致了舰载机数量的减少；相反，美军航母的飞行甲板没有装甲，可以搭载更多的飞机。

航母设计会影响飞机的操作流程。美军航母的机库窗户可以打开，便于通风，排出废气和油雾。因此，飞机能在机库中启动发动机预热，再由升降机送至飞行甲板，这样就可以迅速依次升空。日军航母的机库是封闭式的，飞机无法在甲板下启动发动机预热。在日军航母上，飞机必须先被送至飞行甲板，然后再启动发动机预热，而这样做显然会延长发动大规模空袭所需的时间。

1922 年 7 月 1 日，美国海军奉命将两艘尚未完工的战列巡洋舰改为航母。由此，“列克星敦”号和“萨拉托加”号成为美国海军第一批舰队航母。它们的单烟囱设计非常特别，极易分辨。这张航拍照片显示，飞机体积变得更大，推力变得更强，使得航母无须同时设置多座短距飞行甲板。（美国国家档案馆）

2 艘军舰均在纽波特纽斯造船厂建造。“约克城”号于 1934 年 5 月 21 日开工，1936 年 4 月 4 日下水，1937 年 9 月 30 日入役；“企业”号于 1934 年 7 月 16 日开工，1936 年 10 月 3 日下水，1938 年 5 月 12 日入役。2 艘航母舰长 769 英尺（约 234 米），2 座机库位于同层，配备 3 座升降机。9 台巴布科克·威尔科克斯锅炉为 4 台帕森斯蒸汽涡轮机提供动力，可产生 12 万轴马力，最高航速 32.5 节（约 60 千米 / 小时）。防空武器是 1 门 8 英寸（约 203 毫米）舰炮、四联 1.1 英寸（约 28 毫米）机炮、0.5 英寸（约 13 毫米）机炮，以及后来加装的 20 毫米欧瑞康舰炮。编制舰载机最多 90 架。

约克城级航母的良好设计经过实践检验后，最终成为参考模板，使美国不久后建造出的埃塞克斯级航母在战争中大放异彩。

詹姆斯·拉塞尔（James M. Russell）海军少将曾在“兰利”号、“列克星敦”号、“萨拉托加”号和“突击者”号上担任飞行员。“约克城”号在建期间，他便被任命为该舰舰长。他非常清楚早期航母的缺陷，针对新的航母设计方案提出许多建议，连微小如飞行员待命室都有涉及。拉塞尔后来写道：

> 当“约克城”号在纽波特纽斯造船厂进行舾装时，我们努力地争取了很多东西。比如，在待命室放置了面向黑板的躺椅，安装了可以从一个中心点操作的电传打字机信息系统，还有航空标绘……我们还装了空调，如果你穿着飞行服在里面坐上几个小时，你就能体会到它的好处了，尤其在热带地区更是如此。可以说，我们在“约克城”号上做了大量工作，后来在她的姊妹舰“企业”号上也是如此。

根据《华盛顿海军条约》的条款，美国海军又增加了一艘航母，就是排水量1.47万吨的“黄蜂”号（*Wasp*）。它1936年4月1日开工，3年后下水，1940年4月25日入役。“黄蜂”号由马萨诸塞州昆西市的霍河造船厂建造，最初计划在大幅降低吨位的同时，尽可能增加编制舰载机数量，结果却造成航母动力不足，6台锅炉和2台帕森斯蒸汽涡轮机仅能提供7万轴马力功率，航母最大航速29.5节（约55千米/小时）。“突击者”号航母的设计失误在“黄蜂”号上再次出现。不过，埃塞克斯级舰队航母采

“企业”号是第二艘约克城级航母，1936年10月3日下水，1938年5月12日入役。这2艘约克城级航母是在“大萧条”时期由美国国会批准建造，并从前代航母设计中吸取了诸多经验教训，毫无争议地成为二战中美国海军最著名的航母。（约翰·史密斯/看与学历史图片档案馆/布里奇曼图片社）

用了一项可圈可点的设计创新，即将升降机设在飞行甲板边缘，便于对飞机进行操作管理。

美国参加二战前，海军入役的最后一艘舰队航母是以约克城级航母为模板建造的“大黄蜂”号（*Hornet*）。它的排水量稍大，为 2 万吨，并加入了一些其他设计。“大黄蜂”号于 1939 年 9 月 25 日在纽波特纽斯造船厂开工建造，1940 年 12 月 14 日下水，1941 年 10 月 20 日入役。

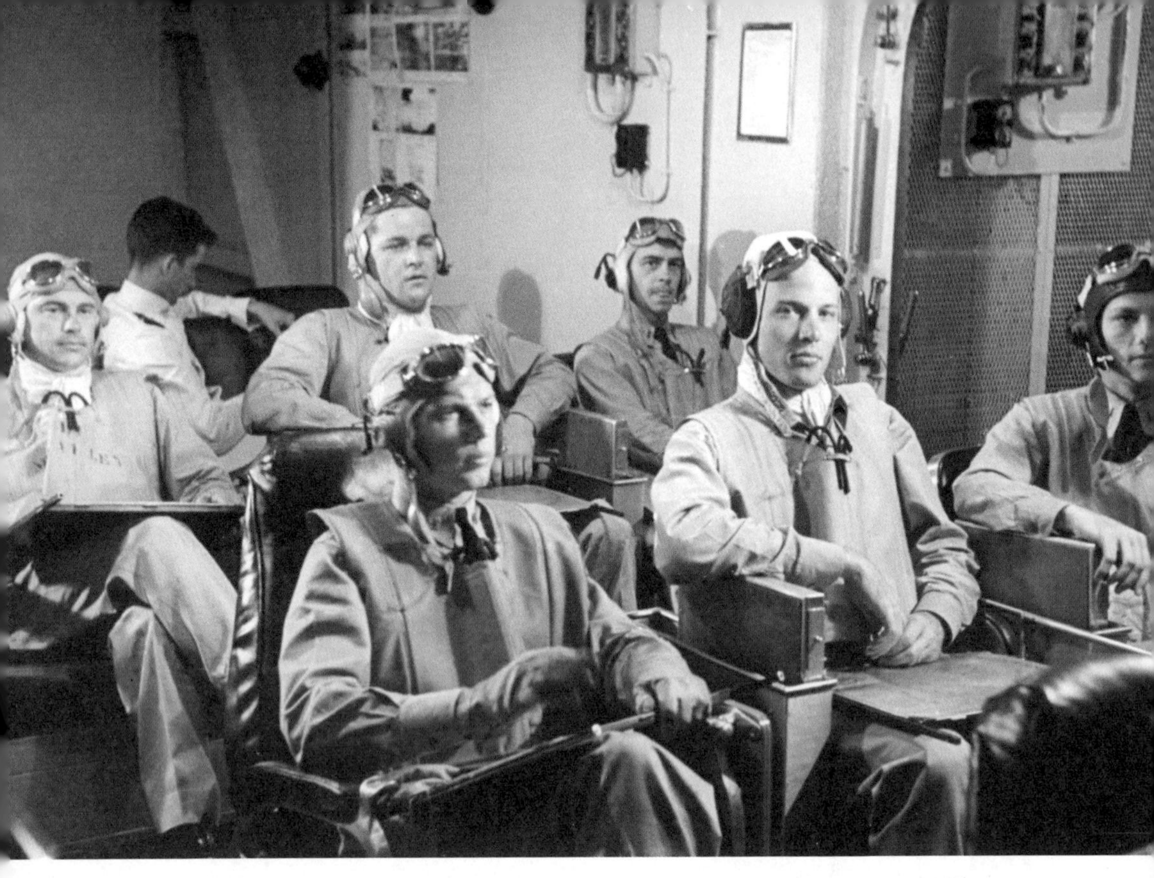

美国宣布参加二战的几个月前，当时飞行员正坐在“企业”号航母的待命室里。“企业”号及其姊妹舰“约克城”号最多可搭载 90 架舰载机，最高航速 32 节（约 59 千米 / 小时）。（彼得 · 斯塔克波尔 / 盖蒂图片社）

在太平洋彼岸，日本帝国海军入役了世界首艘自主设计、自主建造的航母“凤翔”号。该舰于 1920 年 12 月开工建造，11 个月后下水，1922 年 12 月 27 日入役，比英国皇家海军的“竞技神”号早了 7 个月[1]。“凤翔”号舰体较小，排水量仅 7400 吨，由日本帝国海军技术部制造的 8 台舰本锅炉及 2 台帕森斯蒸汽涡轮机提供动力，功率 3 万轴马力，最高航速 25 节（约 46 千米 / 小时）。

“凤翔”号是以水上飞机母舰为基础重新设计的。日本人设计它的时候，部分参考了他们观察英国皇家海军“暴怒”号开展行动后所做的报告。它的烟囱移至右舷，上层建筑于 1919 年春全部被拆除，代之以右舷的1座小型舰岛，以保证552英尺（约168米）长的飞行甲板上没有任何障碍。舰艏位置的飞行甲板设置斜坡，目的是帮助飞机起飞。在后期改进时，飞行甲板斜坡又被拆除。设计人员在飞行甲板上安装了一套由灯光和镜子组成的系统，为飞行员着舰时提供准确的目标图案。另外，它还安装了5.5英寸（约140毫米）和3.1英寸（约79毫米）的防空炮，总计6门。

飞行甲板上有2座小型机库，共可停放15架飞机，每个机库配有1台独立升降机。早期搭载的飞机类型有三菱10式双翼战斗机和B1M3鱼雷轰炸机、中岛A1N1和A2N战斗机，以及横须贺B3Y轰炸机。20世纪30年代，舰载机机型稳步改进。二战期间，它的飞行甲板增大，以停放先进的航母舰载机，但结果导致这艘航母无法在公海作战。

“凤翔”号的使命与美国“兰利”号相似，都是充当平台来改进和完善航母空中作战行动，以及发展海军航空作战理论。1932年，它对中国上海的阵地发动空袭。1937年，“凤翔”号再次部署出动。

与美国海军“列克星敦”号和“萨拉托加”号等未来对手一样，日本海军的首批舰队航母最初也是计划建造为战列巡洋舰的。“赤城”号的航母改装工作始于1923年11月19日，在吴港海军基地进行，1925年4月22日下水，1927年3月25日入役。完工时，“赤城”号的排水量为2.73万吨，长857英尺（约261米）；最初建有3座飞行甲板，最长的1座是624英尺（约190米）；设有3座机库，最多共可搭载60架飞机；未设舰岛。

1935至1938年，“赤城”号接受重大改造，在左舷安装了1座舰岛，取消了2座飞行甲板，剩余1座飞行甲板延长至819英尺（约250米），还封闭了机库甲板，加装了第3座机库，将舰载机总数增至80架以上。“赤城”号动力由19台舰本锅炉和4台技本蒸汽涡轮机提供，功率13.1万轴马力，最高航速32.5节（约60千米/小时）。

“黄蜂”号的排水量是 1.47 万吨，是美国海军按照《华盛顿海军条约》规定建造的最后一艘航母。“黄蜂”号由位于马萨诸塞州昆西市的霍河造船厂建造，1940 年 4 月 25 日入役。人们发现，它的设计方案造成部分性能缺陷，重蹈了早期轻型航母“突击者”号建造时的覆辙。（美国国家海军航空博物馆/2003.001.175 号）

上图：1922 年 12 月 27 日，日本帝国海军“凤翔”号入役，比英国“竞技神”号早 7 个月，是世界首艘自主设计建造的航母。相比其他航母，“凤翔”号舰体较小，排水量仅 7400 吨，服役期间经历了一系列改造。部分改造工作参考了在英国皇家海军“暴怒”号上亲历战斗的日本舰员的意见。

左图：中岛 A1N 战斗机是日本获得授权后，根据英国格罗斯特“甘比特”战斗机复制生产的型号，1930 年进入日本帝国海军服役。截至 1932 年，日本共生产了 150 架。它配有 2 挺 7.7 毫米机枪，最高空速每小时 150 英里（约 241 千米）。到了 20 世纪 30 年代中期，中岛 A2N 飞机将其取代，被日本帝国海军称为 90 式航母舰载战斗机。

日本舰队航母“赤城”号于 1925 年下水，但之后仍在吴港海军基地继续建造。作为日本帝国海军的第一艘舰队航母，“赤城”号是从一艘战列巡洋舰改装而来，与其未来对手——美国海军“列克星敦”号和“萨拉托加”号相似。最初，“赤城”号最多可搭载 60 架飞机，排水量 2.73 万吨，建造时未设舰岛；舰岛是后来加装的。（吴港海洋史和科学博物馆）

二战爆发前，“赤城”号在日本航母理论的发展中发挥了重要作用，尤其在航母打击群（carrier strike group）的形成中更是如此。日本航母打击群理论的精髓是打造以航母及其舰载机为核心的强大力量，向远离日本本岛数千千米外的区域投放空中攻击力量。这种理论的正确性在1941年12月7日偷袭珍珠港时得到证明。

“加贺”号是日军的第二艘舰队航母，1921年11月7日在神户市川崎重工造船厂下水。1923年，日本下令将其改装为航母，但改装工作延迟了2年，直到1929年11月20日才入役。“加贺”号长近783英尺（约239米），排水量2.73万吨。与“赤城”号相似，“加贺”号最初建有3座甲板和3座机库，可搭载60架飞机。它的速度比“赤城”号慢，最高航速27.5节（约51千米/小时），动力由12台舰本锅炉和4台川崎布朗－柯蒂斯蒸汽涡轮提供，功率9.1万轴马力。

改造工作持续了一年。1934年6月，2座飞行甲板被拆除，以增加机库空间，将舰载机的数量增至90架。剩下的飞行甲板延长至815英尺（约248米）。早期使用的法国产横向拦阻索被日本产品所取代，右舷加装1座小型舰岛。烟囱与排烟的问题也得到了解决。

1933年5月9日，日本轻型航母“龙骧”号入役。表面上它是依照《华盛顿海军条约》建造的，但该条约并未限制建造排水量1万吨以下的航母。虽然官方声称“龙骧”号是7100吨的军舰，实际上它的排水量高达1.06万吨。尽管它的舰载机数量多达48架，但这艘轻型航母也和美国海军“突击者”号一样，存在重心不稳的问题，因此在20世纪30年代接受了大规模改造。

日本航母设计人员修正了建造“龙骧”号时出现过的缺陷，为“苍龙”号的建造工作提供了一套可行的解决方案。“苍龙”号的排水量是

航空轶事

三菱重工是20世纪日本著名的飞机制造商之一，在英国飞机设计师赫伯特·史密斯（Herbert Smith）的帮助下，研发出10式战斗机。这是历史上第一款专门制造的航母舰载机。一战期间，史密斯设计了著名的索普威斯“骆驼”、“幼犬”和“沙锥鸟”飞机，以及三翼机。1921年，三菱高层邀请史密斯及另外7位英国工程师前往日本名古屋，帮助建立飞机分部。

史密斯的1MF战斗机在外观上与索普威斯早期生产的飞机极其相似，被称为10式，取代了英国制造的格罗斯特“雀鹰”战斗机在日本帝国海军服役，直至1930年被中岛A1N战斗机取代。史密斯的合伙人、英国飞行员威廉·乔丹（William Jordan）于1923年2月28日，在日本航母“凤翔”号上完成了首次成功起降。

绰号“良机”[2]的美国航空爱好者昌西·米尔顿·沃特（Chauncey Milton Vought），是航母舰载机发展的先驱。当时，沃特为莱特兄弟和格伦·柯蒂斯工作。他设计的第一架飞机是梅奥－沃特单体机（Mayo-Vought Simplex），一战时曾被英国作为训练机使用。沃特的VE–7飞机配有尾钩，是20世纪20年代美国海军早期的一线战斗机，也是1922年10月17日从美国海军新入役的“兰利”号航母甲板上起飞的第一款飞机。沃特的UO–1双座侦察机，是美国海军第一款通过航母弹射方式起飞的飞机。昌西·沃特1930年7月25日死于败血症，享年40岁。然而，他的公司继续发展，制造出了性能优异的飞机。

1923年，几架处于不同制造阶段的沃特VE–7飞机，停放在生产车间的地板上。VE-7飞机最初是为美国陆军设计的双座训练机，后来被美国海军订购，用作第一款战斗机。它是登上美国海军第一艘航母“兰利”号的编制舰载机。（美国国家海军航空博物馆/1996.253.7214.002号）

1.59万吨，于1934年11月在吴港海军基地开工建造，1935年12月21日下水，2年后入役。“苍龙”号的最初设计目的就是作为航母，全长746英尺（约227米）。飞行甲板长712英尺（约217米），建于舰体之上，与舰体并非一体，两端需使用钢柱支撑。

它的右舷建有1座舰岛，上下两层机库共配有3座升降机。为增加航速，它的装甲防护减至最低。舰上8台舰本锅炉为4台齿轮减速涡轮机提供蒸汽动力，功率15.2万轴马力，最高航速34节（约63千米/小时）。完工之际，“苍龙”号堪称当时世界上航速最快的航母。它可以搭载72架飞机，曾在中国人民抗日战争时参与作战。

照片摄于1941年4月，正是日本偷袭美国珍珠港太平洋舰队的7个月前。日本帝国海军航母“赤城”号在1935至1938年间接受改造，安装的舰岛在照片中清晰可见。需要注意绑在舰岛上的衬垫、飞行甲板上擦得发亮的单翼机，以及舰尾左舷方向2艘正在驶离港口的航母。

照片摄于1928年，日本帝国海军“加贺”号航母处于锚泊状态。照片上可以清晰地看到巨大的飞行甲板和放倒的烟囱。“加贺”号由位于神户的川崎重工造船厂建造，1929年11月20日入役。最初，“加贺”号建有3座飞行甲板，但在20世纪30年代接受重大改造，于1934至1935年拆除了其中的2座。

206
118
101

照片摄于1937年。照片中，日本“加贺”号航母的飞行甲板停满了双翼机，舰员正在启动飞机发动机。虽然“加贺”号排水量也是2.73万吨，但速度比“赤城”号这个日本帝国海军首艘舰队航母要慢，最高航速刚过27节（约50千米/小时）。20世纪30年代，“加贺”号经过改装，可搭载飞机的数量增至80架。（吴港海洋史和科学博物馆）

1941 年，日本帝国海军舰队航母“翔鹤”号处于锚泊状态。“翔鹤”号是日本 1937 年撕毁《华盛顿海军条约》后建造的第一艘舰队航母。它的排水量刚过 2.6 万吨，于 1937 年 12 月开工建造，1941 年 8 月 8 日入役。“瑞鹤”号是翔鹤级航母的次舰，1938 年 5 月 25 日在神户的川崎重工造船厂开工建造，下水时间比“翔鹤”号晚 6 周。

“飞龙”号排水量为 1.73 万吨，虽然人们普遍认为它是苍龙级航母，但它其实相当独特，自成一派。1936 年 7 月 8 日，“飞龙”号在横须贺海军基地开工建造，1937 年 11 月 16 日下水，1939 年 7 月 5 日入役。它的舰体比“苍龙”号宽，舰岛位置与“赤城”号类似，居于左舷。人们最初认为空中交通模式不会造成飞机互相妨碍，但日本此前曾做过试验，如果舰岛位于右舷，将不利于空中作战。除此之外，“飞龙”号的其他设计与“苍龙”号是完全一样的。

1937 年，日本撕毁《华盛顿海军条约》及其他协定，日本帝国海军很快便开始建造 2 艘新的舰队航母，每艘排水量均略高于 2.6 万吨。“翔鹤”

号在横须贺海军基地建造，于1937年12月开工建造，1939年6月1日下水，1941年8月8日入役。翔鹤级航母次舰“瑞鹤”号在神户的川崎重工造船厂建造，于1938年5月25日开工，1939年11月27日下水，1941年9月25日入役。它入役数周后，日军偷袭珍珠港。

翔鹤级航母的飞行甲板长845英尺（约258米），延伸至舰体之外，由钢柱支撑，特点鲜明。它的编制舰载机约为90架。偷袭珍珠港的行动临近之际，它的舰载机包括日军曾经大肆吹嘘的三菱A6M零式战斗机、爱知D3A1“瓦尔”俯冲轰炸机、中岛B5N“凯特”多用途轰炸机（它既是水平轰炸机，又是鱼雷轰炸机）。

在两次世界大战之间的几十年里，航母不断发展、完善并被定位为海战中的活跃角色。很快，有关航母的理论、设想、训练和推断都将经历终极考验。二战期间，航母迅速超越战列舰，成为远洋上的决定性武器。伴随着巨雷般的轰鸣声，海上作战的新时代到来了。

注释

[1] 1923 年，日本人拆掉了“凤翔”号上的岛式上层建筑，致其将世界首艘“纯正血统”航母的名号，拱手让于英国皇家海军的“竞技神”号航母。

[2] “良机”（Chance），与其本名昌西（Chauncey）谐音。

这是日本帝国海军“飞龙”号航母，排水量 1.73 万吨，有时会被认为属于苍龙级。不过，“飞龙”号具有许多区别于轻型航母的独有特征。与舰体较大的“赤城”号类似，它的舰岛也建于左舷。“飞龙”号在横须贺海军基地建造，1939 年 7 月 5 日入役。如下照片摄于入役仪式结束后不久。（吴港海洋史和科学博物馆）

在美国海军“企业”号航母上，舰员正在向驾驶格鲁曼 F4F“野猫”战斗机的飞行员发出信号，示意它进入起飞流程。“野猫”战斗机各方面的性能均无法匹敌日军零式战斗机，但在二战初期，它是美国海军在太平洋上空作战的主力机型。请注意这架“野猫”战斗机机翼下方挂载有小型炸弹。（美国国家档案馆）

第三章 航母出征

1939—1942

飞机发动机正在预热，轰鸣中飞行甲板也随之颤动。接下来，绿色信号灯画起圆圈。“起飞！”最前方战斗机发动机的轰鸣声越来越大，紧接着飞机便安全起飞了。每架飞机起飞时，人们都会爆发出一阵欢呼声。

日本帝国海军中佐渊田美津雄在回忆当时的情形时，如此写道。当时，日军准备偷袭美军太平洋舰队锚地珍珠港。第一架舰载机一起飞，开弓没有回头箭，大局已定。航母成为二战期间，连接浩瀚太平洋与亚洲大陆之间的渠道。

天空仍旧漆黑一片，但训练有素的日军飞行员已经从“赤城”号、“加贺”号、“苍龙”号、“飞龙”号、“翔鹤”号和“瑞鹤”号等 6 艘航母的甲板上起飞了。此次飞行的目的地是珍珠港。他们中有人还将檀香山那令人愉悦的无线电音乐广播用作打击预定目标的归航信标。飞机升空的几小时之前，以往反复演练的准备工作便已开始了。机械人员、军械人员、操作人员及其他保障人员已将飞机准备就绪，随时可以发动攻击。飞行员听完简报之后，饮下出征壮行的日式清酒，等待起飞。命令一下达，他们便进入飞机执行任务。任务成功的前景仍未可知，但一定会造成轰动效应。

虽然日军构想出航母战斗群的概念及其空中打击力量，但其海军第一航空舰队尚未在实战中证明自身实力。之前的军事行动仅限于对中国实施空袭，以及为即将实施的珍珠港偷袭进行训练。而在这一天，日本帝国海军的进攻力量将横跨数千英里，在最极端的环境下验证航母战斗群的学说。

1941 年 12 月 7 日，星期日，大约 7 时 55 分，当第一架日军飞机出现在北部山脉上空时，珍珠港才如梦初醒般地有了些许动静。美军士兵和舰员惊奇地看到，机翼和机身上涂有“旭日旗”标志的战斗机疾速掠过，向战列舰群投放鱼雷、向静止目标俯冲投弹，或是高空投弹，以炸毁舰船，摧毁设施，造成大范围破坏。日军战斗机则在顶空轰鸣，用机枪向这些军舰和岸边密集扫射。

在一片混乱中，瓦胡岛上空响起警报：“珍珠港被空袭——这不是演习！”

这是决定命运的一天。几年后，渊田美津雄写下了当天看到的一切：

突然，战列舰群发出巨大爆炸声，黑红色的巨型烟柱冲天而起，足有 1000 英尺（约 305 米）高。猛烈的冲击波直冲我们的飞机而来。一定是哪个弹药库爆炸了。袭击达到高潮时，大火和爆炸造成漫天浓烟，笼罩在整个珍珠港的上空。

我用双筒望远镜观察战列舰群时，看到“亚利桑那”号（*Arizona*）已经爆炸了。熊熊大火猛烈燃烧，烟雾挡住了我们的目标“内华达”号

1941年12月7日，数百架飞机从日本帝国海军的6艘航母上起飞，偷袭美国海军太平洋舰队所在的夏威夷珍珠港基地。在其中一艘航母上，舰员们正在挥舞军帽，欢送飞机飞往毫不设防的目标。（美国国家档案馆）

（*Nevada*），所以我只好寻找其他军舰发动攻击。“田纳西”号已经起火，但她旁边还有“马里兰”号。于是我下令改变目标，攻击那艘军舰。

整整2个小时，日军战机都在珍珠港播撒死亡与毁灭的种子。之后，战机返航，迅速降落在航母上。它们已经达成了突袭的效果，整个瓦胡岛陷入一片混乱。

日军舰队指挥官南云忠一海军中将反复权衡手中的选项。如果发动第三波袭击，就有可能彻底摧毁美军，重创美国，这样一来，当日军按计划

这是日本宣传片中的画面。一架中岛 B5N“凯特”鱼雷轰炸机悬挂威力强大的鱼雷，呼啸着从日军航母甲板上起飞，扑向珍珠港。二战初期，日本帝国海军第一航空舰队配备“凯特”多用途飞机，可同时执行鱼雷轰炸和水平轰炸任务。（美国国家档案馆）

对英美两国在太平洋地区的领土和利益发动猛烈攻势时，美国将没有时间发起有力的挑战。但问题在于，美军的航空母舰现在究竟在哪儿？

日军对珍珠港发动偷袭时，很清楚美国海军的航母不在港内。但现在，这些航母是否会对南云忠一的部队发动反击？他视若珍宝的航母的安全才是最重要的。美军航母舰载机发动袭击的可能性极大，于是南云忠一选择全速向西北撤退。南云忠一的这一举措遭到同时期本国海军军官的批评，此后诸多海军历史学家也对其大加指责。但不论这个选择是否明智，总归是安全的。

1941年12月7日，日本偷袭美国海军太平洋舰队基地，这期间俯冲轰炸机、鱼雷轰炸机和战斗机成群出现在珍珠港上空。日军发动了两波突袭，并对驻夏威夷瓦胡岛的美国海军、海军陆战队和陆军基地进行了打击。这张照片摄于珍珠港潜艇基地，前景中的潜艇“独角鲸”号（*Narwhal*）逃过一劫，毫发无损。（美国国家档案馆）

在广阔的太平洋上，美日两国的航母对决持续了4年之久，这种战斗是前所未有的。双方航母战斗群的指挥官做了许多足以左右战局的重大决策，南云忠一的那个决定只是其中的第一个而已。

偷袭珍珠港几周后，日本海军便开始在太平洋的海上和空中占据绝对优势。在陆地上，日军占领了大片土地，包括威克岛、关岛、中国香港、新加坡和整个马来半岛。在海上，南云忠一率领航母肆意攻击，势不可挡。1942年2月19日，日军飞机对达尔文港的舰船和基地设施发动了猛烈的打击。3月26日，南云忠一率领偷袭珍珠港6艘航母中的5艘进入印度洋。4月5日，在

这张著名的航拍照片摄于日军偷袭珍珠港的开始阶段。画面中，一架日军鱼雷轰炸机倾斜转弯，逐渐远离福特岛附近的战列舰群。此刻，美国海军“西弗吉尼亚”号战列舰正遭到鱼雷攻击，水柱冲天。最初的日语说明文字，对日本帝国海军“海上雄鹰”发动的这次突袭大加吹捧。（美国国家档案馆）

1941年12月7日，日本帝国海军中佐渊田美津雄率领飞机偷袭珍珠港。中途岛海战中，他因患阑尾炎，未随“赤城”号一同沉没。二战后他幸存，成了基督教传教士，将余生献给传教事业，并授权出版了《从珍珠港到耶稣受难地》（*From Pearl Harbor to Golgotha*）。1976年，渊田美津雄死于糖尿病并发症。（天顶出版社）

日本帝国海军联合舰队司令长官山本五十六海军大将曾经发出警告，反对与美国开战。然而，当冲突不可避免时，又是他策划了珍珠港偷袭，展示了航母战斗群毁灭性的打击能力。1943年4月18日，美军战斗机在所罗门群岛布干维尔岛上空击落山本五十六的座机，山本毙命。（美国国家档案馆）

珍珠港偷袭事件过后，美国太平洋舰队业已支离破碎，它的指挥权被切斯特·尼米兹（Chester W. Nimitz）海军上将所接管。尼米兹来自美国得克萨斯州，1905年毕业于美国安纳波利斯海军学院。在二战太平洋战场上，他在战争初期开展了有计划的冒险行动，并在后期运用航母及其他军舰的强大力量，最终战胜了日本。他于1966年去世，享年80岁。（美国海军）

在二战初期的印度洋战场，日军帝国海军的小泽治三郎海军中将成功指挥了日军航母作战行动。1942年11月，他接替南云忠一海军中将，担任日本帝国海军太平洋航母主力部队的司令官。虽然小泽被公认为是熟练的指挥官，但他后来还是在菲律宾海海战中战败，并在莱特湾海战中损失惨重。小泽死于1966年，享年80岁。（美国国家档案馆）

一次名为“复活节突袭”（Easter Sunday Raid）的军事行动中，他指挥舰载俯冲轰炸机，击沉英国巡洋舰“康沃尔”号（*Cornwall*）和“多塞特郡”号（*Dorsetshire*）。小泽治三郎海军中将率领“龙骧”号航母和6艘巡洋舰组成一支分遣队，在短短几天时间内，在孟加拉湾击沉了23艘英国商船。

日军击沉英国2艘巡洋舰的次日，85架爱知D3A“瓦尔”俯冲轰炸机在9架三菱A6M零式战斗机的护航下，从南云忠一指挥的航母甲板上起飞，在飞往锡兰岛（现斯里兰卡）亭可马里港途中，遭遇英军航母“竞技神”号及其护航驱逐舰“吸血鬼”号（*Vampire*）。在英国皇家海军服役20多年的“竞技神”号遭到日军40多枚250磅炸弹的袭击，“吸血鬼”号也是如此。2艘军舰很快沉没，“竞技神”号上307位舰员因此丧生。

更糟糕的是，1942年1月11日，英国皇家海军“萨拉托加”号航母前往珍珠港西南420海里（约778千米）处，准备与美国海军“企业”号会合。但它在途中被日本I–6型潜艇发现，并被其发射的1枚鱼雷命中，在4个月内无法参与作战行动。“萨拉托加”号由此进入华盛顿的布莱默顿海军造船厂接受入坞维修，维护期间接受现代化改造，加装了改良版的雷达和防空舰炮，它的舰体也加装了可防鱼雷的隔水舱。

与此同时，美国海军在太平洋活动的其他航母也在对日军还以颜色。1942年2月1日，以美国海军“约克城”号和“企业”号航母为核心的几支独立特遣舰队的舰载机，袭击了日军位于吉尔伯特群岛及马绍尔群岛的基地。虽然对日军来说，这只是其成功偷袭珍珠港后遇到的些许麻烦，但此次袭击的确提高了美军士气，并帮助美军飞行员和后勤支援人员在真正的战斗中获得实战经验。而且，此次袭击还引起日军高层对于本岛周边防御的安全担忧，并对其后续进攻战略造成了影响。当月月底，在爪哇岛芝

美国海军“企业”号舰员正在对停放在飞行甲板上的飞机进行例行维护。一些飞机机翼被折叠起来，以节省宝贵空间。在这张照片中，道格拉斯 SBD“无畏”俯冲轰炸机最为醒目，它是二战初期美国海军航母的主力舰载轰炸机。(美国国家档案馆)

“兰利”号是美国海军的第一艘航母，20 世纪 30 年代改装为水上飞机母舰。1942 年 2 月 27 日，在爪哇岛附近海岸，日本爱知 D3A“瓦尔”俯冲轰炸机投放的 5 枚炸弹击中了“兰利”号。“兰利”号严重倾斜，之后沉没。（美国国家海军航空博物馆 /1998.409.076 号）

拉札港附近，曾经的航空母舰、后于 20 世纪 30 年代中期改装为水上飞机母舰的“兰利”号，成为日军俯冲轰炸机的牺牲品。

即使沉浸在胜利的喜悦中，日军高官也会因美军某次跨军种联合作战的精彩案例而感到不安。轰炸东京的计划需要总统富兰克林·罗斯福批准。它的风险极大，但美国民众急于听到鏖战不休的太平洋战场传来好消息。1942 年 4 月 18 日，美国陆军航空队的 16 架北美航空 B–25“米切尔”中型轰炸机从“大黄蜂”号航母甲板上起飞，前往日本首都东京投放炸弹。

此次突袭是因为罗斯福希望赢得对日宣传方面的胜利。弗朗西斯·洛（Francis Low）海军上校是美军潜艇军官，他认为中型轰炸机也可以从

1942 年 4 月 18 日，在准备执行轰炸东京任务时，吉米 · 杜立特（Jimmy Doolittle）空军中校（左）与马克 · 米切尔（Marc A. Mitscher）[1] 海军上校（右）在美国海军“大黄蜂”号飞行甲板上拍照留念。在两次世界大战之间，杜立特曾获日本政府颁发的勋章。他在自己驾驶的 B–25“米切尔”中型轰炸机上挂好炸弹之后，又把这些勋章固定到炸弹上，巧妙地将其返还给颁发者。（美国空军）

航母的短距飞行甲板上起飞，因此空袭东京的方案看起来是可行的。吉米 · 杜立特空军中校受命策划空袭，并率领第 17 轰炸大队（中型）的其他 15 位成员实施空袭行动。根据 B–25 轰炸机的航程与载弹量判断，在这次大胆的空袭行动中使用这种机型是最有可能成功的。美国海军选用“大黄蜂”号将杜立特的空袭大队运送至起飞水域。在旧金山湾阿拉米达海军航空站，当 16 架 B–25 中的最后一架固定在航母甲板上时，它的机尾却突出在航母甲板之外。“大黄蜂”本舰航空大队的飞机则停放在机库里。

1942年4月18日，日军偷袭珍珠港之后不到4个月，美国对日本本土进行还击。美国陆军航空部队的北美航空B–25“米切尔”中型轰炸机从“大黄蜂”号甲板上起飞，执行轰炸东京的任务。照片中，一架B–25正在加速起飞。因为就在刚才，美国海军的这支特遣舰队被一艘日本军舰发现，尽管风险极高，美军还是决定发动进攻。（美国海军）

一架北美航空B–25“米切尔”中型轰炸机从“大黄蜂”号甲板上起飞。陆军飞行员及B–25机组成员训练数月，准备在航母甲板上起飞以前的陆基飞机。虽然空袭行动并未对东京及其附近目标造成太大破坏，但日本认为自己母国不会遭到敌方攻击的观念被彻底打破了。（美国空军）

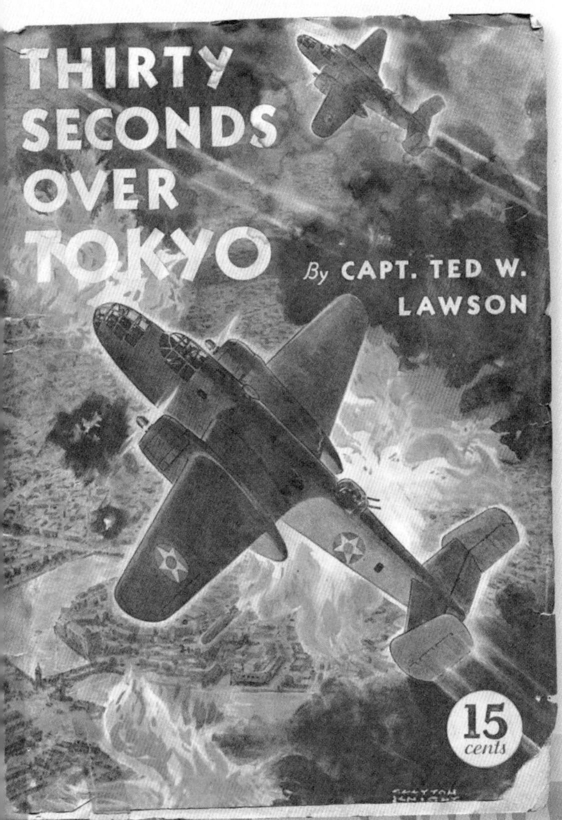

左图：这是海军上校特德·劳森（Ted W. Lawson）所著《东京上空 30 秒》（*Thirty Seconds Over Tokyo*）的彩色封面，书中描绘了 1942 年 4 月 18 日，空军中校吉米·杜立特带领飞行员对日本首都进行轰炸的英勇壮举。日本军部对此次突袭大为震惊，并因此做出太平洋战争中的一系列重大决策。（天顶出版社）

下图：好莱坞演员斯宾塞·屈塞（Spencer Tracy）在电影《东京上空 30 秒》中扮演空军中校吉米·杜立特。这部电影戏剧化地展现了 16 架 B–25 中型轰炸机从“大黄蜂”号起飞，对日本首都进行历史性空袭的情景。这些轰炸机距离起飞位置太远，没有机会返航，于是大部分在中国紧急迫降。（天顶出版社）

1942年4月2日，“大黄蜂”号启航，11天后来到中太平洋的中途岛环礁附近，与“企业”号航母及数艘护航舰艇组成的战斗群会合。这支特遣舰队原本计划继续推进，前往距日本本土400海里（约741千米）的位置，但于4月18日清晨被日军巡逻舰“日东丸”号发现。美国海军的轻型航母“纳什维尔”号（*Nashville*）迅速将这艘敌舰击沉，但它可能已发出无线电警报，这将会危及美国舰队的安全。

尽管当时距东京仍有600多海里（1100多千米），但杜立特与“大黄蜂”号航母舰长马克·米切尔海军上校并未取消行动，而是决定冒险一搏，立即释放舰载机。但雪上加霜的是，此刻海面风浪极大。

杜立特驾驶首架B–25起飞，然而留给他起飞的甲板长度仅有467英尺（约142米）。他启动飞机的双引擎并向前滑行，在40节（约74千米/小时）的风速中滑向水面，然后努力爬升。杜立特围绕“大黄蜂”号盘旋了2圈。其他B–25也相继升空，组成编队，向东京进发。所有飞行员都很清楚，此次飞行距离过长，可能无法到达亚洲大陆，因此只能寄希望于与友好的中国军民取得联系，以便安全返回，否则就只能在公海上迫降。

美国轰炸机低空飞行，以躲避敌军探测，大约在中午时分飞抵东京。令人啼笑皆非的是，当地正在举行民防演习。它们向东京及横滨附近的目标投放了炸弹，但并未造成太多的破坏。

在杜立特空袭大队的80名机组成员中，3人在空袭中阵亡，5人在苏联降落并被扣留，8人被日军俘虏，包括杜立特在内的其余人员最终得以返回美国，或投奔友方地区。8名战俘中，3人被处死，1人在关押期间死亡。16架B–25损失殆尽，其中1架被苏联扣留，12架在中国坠毁，3架在海上迫降。

杜立特因其壮举成为民族英雄，被授予荣誉勋章。后来，他被提升为少将，继续指挥主力空军部队在欧洲战场作战。他于 1993 年去世，享年 96 岁。曾有记者向罗斯福总统提问，轰炸东京的轰炸机是从哪里起飞的，罗斯福笑着回答说，它们是从香格里拉起飞的。香格里拉的典故出自当时红极一时的小说《消失的地平线》（*Lost Horizon*），作者是詹姆斯·希尔顿（James Hilton）。熟悉这本小说的读者都知道，香格里拉是喜马拉雅山脉深处的神秘之地。

此前美军航母针对马绍尔群岛和吉尔伯特群岛发动的空袭，以及这次杜立特率军实施的空袭，在日军当中引起了极大恐慌，后者担心本土安全受到威胁，这些事最终促使日本联合舰队司令山本五十六海军大将寻求与美军决战，以彻底摧毁美军在太平洋上的航母力量。日军原本计划占领新几内亚岛东南端莫尔兹比港。现在这项行动仍将继续开展，如果成功，将会巩固日军的势力范围，对盟军位于南太平洋的主要作战基地澳大利亚造成威胁。山本五十六还策划发动大规模进攻，以占领中太平洋的中途岛环礁，从而彻底歼灭美军航母。

杜立特空袭东京之后，在不到 2 周的时间内，日本便发动了“莫尔兹比港行动”（Operation MO），目的有二：一是从海上占领莫尔兹比港，二是占领所罗门群岛图拉吉岛，以建立水上飞机基地。随后的珊瑚海海战于 1942 年 5 月 4 日至 8 日进行。此战在历史上具有重要意义，原因有很多：首先，这场海战是历史上的第一次航母对决战；其次，双方水面舰艇从未出现在对方的视线当中；最后，这也是二战期间盟军首次逆转日本的进攻势头。

在珊瑚海海战中，可以明显看出双方海军的航母实战经验均有不足。日军发动联合进攻时，兵分三路，一路直取莫尔兹比港，一路尝试夺取图

日本三菱 A6M 零式舰载战斗机被誉为太平洋上空的破坏者，它是二战初期同类战斗机中性能最好的。照片中，零式战斗机停放在日本帝国海军“瑞鹤”号航母的飞行甲板上，舰员在飞机阴影下休息。注意那些帆布罩，它们可以盖在座舱上，防止热带阳光的暴晒。（吴港海洋史和科学博物馆）

拉吉港，一路是“翔鹤”号和“瑞鹤”号航母组成的航母打击部队，负责消灭一切增援美军。日军第四舰队司令井上成美海军中将负责全面指挥，高木武雄海军中将负责指挥航母打击部队。

早在4月中旬，美国海军太平洋舰队司令切斯特·尼米兹海军上将便获悉了日军的进攻计划，因为美国海军密码分析人员破译了日本帝国海军JN–25密码中的一部分。尼米兹认为必须对此做出回应。虽然“大黄蜂”号和“企业”号刚刚参加完东京空袭行动，正在返回珍珠港途中

美国海军的罗伯特·狄克逊（Robert E. Dixon）海军少校（右）1927年毕业于美国海军学院，1944年1月18日因在“邦克山”号上的英勇行为被授予“海军十字勋章”。珊瑚海海战中，狄克逊指挥一支俯冲轰炸机中队，从“列克星敦”号航母起飞，击沉了日本轻型航母“祥凤”号。他通过无线电发回的消息是“命中一艘航母！”这句话立即传遍世界。在其海军生涯中，狄克逊升至海军少将，1981年去世，享年75岁。（美国国家档案馆）

无法参战，但尼米兹还是派遣了“列克星敦”号和“约克城”号航母，让它们在弗兰克·杰克·弗莱彻（Frank Jack Fletcher）海军少将的指挥下，前去破坏日军的进攻计划。他给弗莱彻下达命令时刻意模糊表述：拦住敌军。

5月3日，日军不战而胜，占领图拉吉港。弗莱彻也亮出底牌，派“约克城”号航母舰载机实施空袭，但岛上的敌军几乎毫发无损，反而让高木武雄得到警示：一艘美军航母就在较近位置活动。不过，高木武雄此

珊瑚海海战期间，保罗·斯特鲁普（Paul D. Stroop）海军上尉是美国海军“列克星敦”号航母上的一名参谋，他从自己的视角对战斗进行了生动描述。斯特鲁普是海军飞行员，1926年毕业于美国海军学院，后升至海军中将，1995年去世，享年90岁。（美国国家档案馆）

前已经奉命将9架零式战斗机运往位于巴布新几内亚新不列颠岛拉包尔的大型前沿基地，从而失去打击“约克城”号航母的机会。“翔鹤”号和“瑞鹤”号航母所处位置较远，需要2天时间才能将飞机渡运回来，所以无法发起进攻。

此后3天，在绝大部分时间里，交战双方都在珊瑚海、所罗门群岛及新几内亚南部附近搜索对方踪迹——有一次，双方相距仅70英里（约113千米）。5月7日清晨，日本巡逻机目测发现了2艘美国舰船，却报告称发现1艘航母和1艘巡洋舰。高木武雄相信了这位飞行员的报告，对这些美国舰船发动猛烈袭击。但事实上，它们是弗莱彻的燃料补给舰队，一艘是油船“尼奥绍”号（*Neosho*），一艘是为其护航的驱逐舰“西姆斯”号（*Sims*）。两舰均被击沉。

高木武雄以为自己获得了重大胜利。然而到目前为止，“约克城”号和“列克星敦”号依然毫发无损。就在日军攻击补给舰的同时，弗莱彻也接到“约克城”号舰载巡逻机的报告，称2艘日本航母和4艘重型巡洋舰正在西北方向175英里（约282千米）处航行。他以为这就是此番打击的目标舰队航母，于是命令全部舰载机起飞。但“约克城”号飞行员又修正了自己的错误，报告称敌军共有4艘军舰，2艘是重型巡洋舰，2艘是驱逐舰。

此时，弗莱彻的舰载机已经升空，却意外掠过日军军舰的上空。当时那些军舰正在掩护进攻莫尔兹比港的部队，其中速度最快的是11262吨的轻型航母“祥凤”号。“祥凤”号于1935年6月1日下水，最初是潜艇母舰。1941年起，它开始接受长时间的改装，直到次年1月才宣告完工。但不到10分钟，“祥凤”号便成为一堆燃烧的废铁。

“列克星敦”号上的保罗·斯特鲁普海军上尉回忆起当时在航母舰桥

上收到的行动报告。报告称：

> 此次袭击非常成功，只是我们对航母的打击有些过度。我认为可能至少向其发射了 7 枚鱼雷及多枚炸弹，航母立刻沉没。回顾这场战斗，最糟的地方是袭击行动的配合不是很好，有些飞机跑去攻击其他舰船了。但这是我们第一次进行此类作战，大家都想中大奖，很快就把这艘疲软的航母击沉了。

斯坦利·约翰逊（Stanley Johnson）是《芝加哥论坛报》的记者，他当时就站在“列克星敦”号的无线电设备旁。他听到从扬声器里传来熟悉

在珊瑚海海战中，美国的“列克星敦”号遭受重创，冒起滚滚浓烟，并开始进水。“列克星敦”号是美国海军在二战中被击沉的第一艘航母。它的舰体被 2 枚炸弹命中，左舷被 2 枚鱼雷命中。1 艘驱逐舰停靠在它的旁边，附近还有 1 艘小艇在营救幸存者。（美国国家海军航空博物馆 /2001.205.068 号）

的声音，那是率领俯冲轰炸机执行任务的罗伯特·狄克逊海军少校。“我们听到狄克逊少校清晰有力的声音，他说‘命中一艘航母！狄克逊向“列克星敦”号报告，命中一艘航母！’‘列克星敦号’上的紧张气氛立刻烟消云散。”

狄克逊那激情洋溢的报告被美国各地的报刊广播转载，迅速成为二战太平洋战场早期的战斗口号之一。他因非凡勇气被授予“海军十字勋章”，继续在航母上服役直到战争结束，后升至海军少将。他于1981年去世，享年75岁。

损失“祥凤”号这件事本身无足轻重，但井上成美不愿意冒过高的风险，他不想让5000人的部队在没有空中掩护的情况下继续进攻莫尔兹比港。于是他命令部队撤退，以为之后可再次发动进攻。可惜他错了。

不过双方的战术错误都层出不穷。5月7日下午晚些时候，高木武雄派出俯冲轰炸机、鱼雷轰炸机和战斗机搜索并攻击美军航母。日军飞行员一无所获，但机警的美军格鲁曼F4F“野猫”战斗机飞行员在空中巡逻时就击落了9架日机。黄昏来临时，日军飞机误将“约克城”号当作己方航母并试图降落。降落期间共被击落6架，另有11架要么在海上迫降，要么在“翔鹤”号和“瑞鹤”号航母甲板上尝试夜间着舰时坠毁。

第二天，狄克逊再次升空。这一次，他和另外一名年轻飞行员发现了高木武雄的大型航母。狄克逊让那个经验稍逊的飞行员先返回“列克星敦”号，自己则继续跟踪。很快，“列克星敦”号和“约克城”号逆风转向，释放舰载机。此时，海面上风雨骤至，乌云密布，为日军航母提供了掩护，而美军航母上空却是艳阳高照，一览无遗。美军飞机在空中盘旋之际，日军航母也出动了超过70架飞机。

有41架“约克城”号的舰载机根本没有看到“瑞鹤”号，于是集中力量打击雨雾中依稀可见的“翔鹤”号。这艘体型庞大的日军航母被2枚炸弹击中。“列克星敦”号的俯冲轰炸机投下第3枚炸弹，致“翔鹤”号遭到重创，彻底无法行动，也无法起降飞机。与此同时，“列克星敦”号上有一半的舰载机根本没能在阴云密布的海面上找到目标。

上午11时20分，攻守态势逆转，美军航母遭到了猛烈攻击。“列克星敦”号上的斯特鲁普带着不情愿的钦佩目睹了这一切，并在自己的航海日志中记录下这一事件：

我还记得当时自己就站在舰桥上，看到敌军俯冲轰炸机俯冲而下。这些飞机是固定起落架式俯冲轰炸机，你敢肯定，飞行员已经看见了军舰的舰桥。炸弹投下的一瞬间，你会看到炸弹脱离飞机，沿着另一条轨迹飞行……就在同时，鱼雷轰炸机也飞了过来，在大约1000码（约914米）的距离发射鱼雷——这是一次配合默契的完美攻击。你先是看到飞机飞临航母上空，然后看到鱼雷投入水中，和它溅起的水花，最后，你会看到径直冲向航母的鱼雷尾流……

另外，2枚炸弹和4枚鱼雷重创了“列克星敦”号，引发了大火，并且将舰体水下部位炸开一个大洞。“约克城”号被1枚鱼雷命中，鱼雷穿透4层甲板后爆炸，炸死了66名舰员。“列克星敦”号的损管小组一度似乎控制住了形势，但之后舰体内部又发生2次灾难性爆炸，使这艘自1927年起就在美国海军服役的巨型航母变得无可挽回。最终，上级命令弃舰。全船有2700多名舰员获救，仅216人丧生。舰员撤离后，美军驱逐舰发射鱼雷将其击沉。“约克城”号则勉强返回母港珍珠港。

珊瑚海海战中，在日军俯冲轰炸机和鱼雷轰炸机的攻击下，“列克星敦”号遭受重创，后因航空燃油罐破裂，散发出的油雾被火星引燃，引起灾难性爆炸，最终无力回天。虽然 216 名舰员丧生，但有 2735 名舰员在航母沉没前获救。对美国海军来说，珊瑚海海战是一次战略性胜利，它逼退了日军侵略新几内亚岛南端莫尔兹比港的部队。（美国国家档案馆）

在珊瑚海海战中，舰员纷纷跳入大海或落入网中，放弃被日军炸弹和鱼雷击中的“列克星敦”号。航空燃油罐破裂而溢出的油雾被火星点燃，导致航母内部发生爆炸，进而导致舰体剧烈摇摆，损管行动无法展开。最终，1942 年 5 月 8 日 21 时，美国海军驱逐舰“菲尔普斯”号发射鱼雷，将“列克星敦”号击沉。（赫尔顿档案馆 / 盖蒂图片社）

1942年5月8日，珊瑚海海战期间，“翔鹤”号航母遭到美军航母舰载机打击，日军对此采取了规避行动。“翔鹤”号被3枚炸弹命中，受损严重，死伤200余人，只能退出战斗。同年10月，在圣克鲁斯群岛战役期间，“翔鹤”号再次严重受损。1944年6月19日，在菲律宾海海战期间，它最终被美国海军“竹荚鱼”号潜艇发射的鱼雷击沉。（美国国家海军航空博物馆/1996.488.037.012号/罗伯特·劳森拍摄）

双方均已疲惫不堪。双方脱离战斗后，均对珊瑚海海战的结果进行了评估。乍一看似乎是日军获胜，因为美军损失了“列克星敦”号，“约克城”号也严重受损。从战术层面看，的确如此。不过，从战略层面看，日军占领莫尔兹比港的目标未能达成。“祥凤”号被击沉，“翔鹤”号2个月无法战斗，“瑞鹤”号的航母飞行队损失殆尽。日军花了一个多月才将损失的飞机补齐，而那些作战经验丰富的飞行员，更是无可取代的损失。

1942年5月15日，一架道格拉斯SBD“无畏”俯冲轰炸机正在美国海军“企业”号甲板上降落。3周后，在击败日军的中途岛海战中，“企业”号释放的“无畏”轰炸机将发挥关键作用。（美国国家档案馆）

在遥远的东京，山本五十六继续筹划对中途岛的进攻行动，但此时他也知道，己方在珊瑚海的2艘舰队航母均已无法参加原定于6月份发动的作战行动。在珍珠港，切斯特·尼米兹获悉日军正在策划一次针对中途岛的猛烈进攻，而在珍珠港旧行政大楼地下室工作的美国海军夏威夷情报站的密码分析人员也再次确认了此事。[2]

尼米兹制订了一个防御作战计划，但急需重伤的“约克城”号恢复战斗力。因为只有这样，在面对山本五十六的飞机和航母优势时，美国才真的有可能赢得胜利。1942年6月4至7日进行的中途岛海战，注定成为二战太平洋战场的转折点。

5月27日，“约克城”号抵达珍珠港。维修人员评估后认为，维修工作需要一个月。但尼米兹限期72小时完成，于是木工、电工及干船坞的其他工作人员挤满了整艘航母。奇迹出现了。5月30日，“约克城”号启航，前往中途岛东北与“企业”号和“大黄蜂”号会合。会合地点距珍珠港1100英里（约1770千米），名为“幸运点”（Point Luck）。弗莱彻海军少将以“约克城”号作为第17特遣舰队旗舰，雷蒙德·斯普鲁恩斯（Raymond A. Spruance）海军少将则指挥“企业”号和“大黄蜂”号及其护航舰船，编为第16特遣舰队。如果这3艘美军航母隐藏行踪的时间能足够长，就可以伏击日军，赢得决定性胜利。

弗莱彻担任美军部队的总指挥，但随着中途岛海战的逐步展开，斯普鲁恩斯自主作战的权力越来越大。斯普鲁恩斯原为巡洋舰舰长，没有当过飞行员，却替代威廉·“公牛”·哈尔西（William F. “Bull” Halsey）海军中将担任指挥。哈尔西是当时美国海军经验最丰富的航母指挥官，但不巧因严重的皮肤感染住院了。

整个二战期间，日本帝国海军的高级参谋机构一直偏爱制订复杂的作战计划，而且通常会分兵作战。山本五十六的中途岛作战计划也是如此。战斗开始时，日军会对太平洋北部阿留申群岛的阿图岛和基斯卡岛实施佯攻，而真正的进攻是运送 500 人的部队去占领中途岛，并由南云忠一海军中将率领“赤城”号、“加贺”号、“苍龙”号和“飞龙”号 4 艘曾经参与偷袭珍珠港的航母，搭载 200 多架飞机以提供空中掩护，用以歼灭一切赶来增援的美军航母。山本五十六自己则搭乘“大和”号大型战列舰，率领另一队具有压倒性优势的战舰，准备在必要时与美军进行水面作战。

6 月 3 日清晨，美军侦察机发现日军进攻部队，随后中途岛守军的飞机出动，对日军发动空袭，但未取得成效。次日清晨，南云忠一率航母穿过雨雾，待天气好转后，下令释放了 100 多架舰载机，以削弱中途岛守军的防御力量，为后续登陆扫平障碍，并破坏了让其头痛不已的机场。

执行进攻任务的舰载机返回日军航母后，负责打击行动的指挥官通过无线电表示，必须再次对中途岛发动空袭，这让南云忠一陷入了进退两难的境地。为了在发现美军航母后对其实施打击，他手中保留了部分飞机作为预备队。但这些飞机挂载的是鱼雷，如果决定对中途岛进行二次打击，就必须将鱼雷更换为炸弹，这样才能打击岛上目标。他可以在这些飞机更换挂载武器的同时，也让燃料告急的飞机，包括执行首轮空袭中途岛任务后返航的飞机，以及执行空中巡逻任务的大部分零式战斗机着舰。

但是，更换弹药会让南云忠一浪费宝贵的时间。美军陆基轰炸机的出现不但没有对日军造成损失，反而促使南云忠一决定为预备队的战机更换炸弹，对中途岛发动二次打击。就在日军全力更换弹药时，南云忠一接到侦察机发回的报告，称 10 艘美军舰船正在其东北 200 英里（约 322 千米）处航行，其中一艘正是航母。

1650

1942年5月，美国海军“约克城”号在珊瑚海海战中严重受损，停放在珍珠港的干船坞中，预计需要数周时间才能修复。然而，因为它必须要参加中途岛海战，太平洋舰队司令切斯特·尼米兹海军上将要求72小时内完成维修工作。（美国海军）

右图：在1942年6月4至7日期间进行的中途岛海战中，在“约克城”号飞行甲板上，舰员正在为道格拉斯SBD“无畏”俯冲轰炸机做起飞前的准备工作。“约克城”号及其姊妹舰“企业”号释放的“无畏”轰炸机，在太平洋战争中对敌军实施了决定性打击，共击毁了4艘日本航母。（美国国家海军航空博物馆/1996.488.253.620号）

下图：这是美国海军“企业”号航母所部侦察轰炸机中队的一架道格拉斯SBD“无畏”俯冲轰炸机。它试图着舰，但坠毁于航母甲板，螺旋桨仍在旋转。舰员迅速上前解救飞行员和机炮手。在太平洋战争初期，航母舰载型“无畏”机队分为侦察联队和轰炸机中队，但后期放弃了这种编制结构。（美国国家档案馆）

上图：这张照片是邻近飞机拍摄的中途岛海战场景，美国海军道格拉斯 SBD“无畏”俯冲轰炸机正准备攻击一艘日军航母。几分钟不到，“赤城”号、“加贺”号、“苍龙”号等三艘日军航母便沦为一堆燃烧的废铁，二战太平洋战场也开始向着对美军有利的方向转变。照片中，至少可以看到一艘日军航母已经起火。（美国国家档案馆）

左图：在中途岛海战中，美国海军一架道格拉斯 SBD“无畏”俯冲轰炸机在太平洋“阿斯托里亚”号巡洋舰附近海上迫降。二战初期，“无畏”俯冲轰炸机在美国海军中广为使用，但后来被其他机型取代，比如格鲁曼 TBF“复仇者”及柯蒂斯 SB2C“地狱俯冲者”飞机。（美国国家海军航空博物馆 /1996.253.588 号）

在这幅传统风格的绘画中，艺术家威尔弗雷德·哈迪（Wilfred Hardy）描绘了中途岛海战中具有决定性意义的一次战斗。画面中，一艘日本航母燃起熊熊大火，而美国海军的道格拉斯“无畏”俯冲轰炸机俯冲之后拉起，在返回母舰的惊险途中，避开了敌方的战斗机。短短几分钟内，

美国俯冲轰炸机便击毁了“赤城”号、“加贺”号和“苍龙”号等三艘日军航母。第四艘“飞龙”号则在稍后的攻击中被击沉。（威尔弗雷德·哈迪 /Look and Learn/ 布里奇曼图片社）

右图：南云忠一海军中将率领日军航母战斗群，摧毁了珍珠港及瓦胡岛的其他美军基地。之后又在印度洋成功发动了一次军事行动。不过，在中途岛海战中，随着日军4艘航母的沉没，他的成功之路也戛然而止。1944年7月6日，南云忠一在马里亚纳群岛塞班岛的突围战斗中失败，自杀身亡。（美国国家档案馆）

下图：在中途岛海战中，日军航母“飞龙”号释放的飞机对美国海军“约克城”号发动袭击，1枚鱼雷命中左舷，腾起一股浓烟和冲天水柱。“约克城”号防空炮火散发的黑烟盘旋天际，舰体左右摇晃。“约克城”号最终沉没了，而就在这次袭击的几小时之后，“飞龙”号成为美军俯冲轰炸机击沉的第四艘日军航母。（美国国家档案馆）

南云忠一动摇了。他考虑命令已换装炸弹的飞机起飞去攻击中途岛，让那些仍挂载鱼雷的飞机仍可以攻击美军航母。最终，他决定让所有可用飞机都挂载鱼雷，并命令空中的飞机继续着舰。

日军4艘航母上的维修人员知道，时间就是生命。他们拼命工作，在甲板上拖来油管，将炸弹使劲推到一边，再将鱼雷挂载到准备对美军航母发动打击的三菱B5N“凯特”轰炸机上。炸弹于露天放置，可以稍后再进行安全处理。这些疯狂操作让南云忠一的航母处于极度危险之中。

美国人也在忙个不停。大约6月4日5时30分，美军发现了日军航母，虽然它们位于美军飞机的航程极限位置，但弗莱彻和斯普鲁恩斯命令“约克城”号、“企业”号和“大黄蜂”号逆风航行，释放所有150架攻击战机，包括道格拉斯SBD“无畏”俯冲轰炸机、道格拉斯TBD“毁灭者”鱼雷轰炸机以及为其护航的“野猫”战斗机。

美国海军航空条令本来要求俯冲轰炸机与鱼雷轰炸机要在攻击敌方目标时彼此配合。然而，当时有的空中编队迷了路，他们本应在太平洋上空的指定位置侦察日军活动，但却一无所获，无法配合攻击，只能自行开展行动。

讽刺的是，美军的缺乏配合反而因祸得福。笨重的鱼雷轰炸机率先发现日军，负责掩护的零式战斗机立刻如狼群般冲向轰炸机群。大量“毁灭者”轰炸机被击落，鱼雷无一命中目标。

当形势看似可控之后，南云忠一下令航母释放舰载机。执行掩护任务的日军战斗机低空追踪着最后一架美军鱼雷轰炸机，然而，当第一架日军飞机呼啸着朝向己方航母飞行甲板俯冲时，警戒人员发出了不祥的警报声。整整50架美军俯冲轰炸机突破零式战斗机的干扰，践踏着日本帝国海军引以为傲的航母，呼啸着俯冲而下。

在中途岛海战中，“约克城”号航母被日军炸弹和鱼雷重创，美国海军巡洋舰“阿斯托里亚”号停在它的旁边，帮助舰上官兵撤离。（美国海军）

在中途岛海战中，美国海军“约克城”号受损后，舰员沿着严重倾斜的飞行甲板行走。损管措施较为有效，让大家对挽救航母一事产生了些许希望。然而，1942 年 6 月 7 日，日军 I-168 潜艇发射的鱼雷将“约克城”号和护航驱逐舰“哈曼”号击沉。1943 年 7 月 27 日，美国海军“阔鼻鲈”号潜艇将日军 I-168 潜艇击沉。（美国国家档案馆）

1976 年上映的电影《中途岛》(*Midway*)，由查尔顿·赫斯顿（Charlton Heston）和亨利·方达（Henry Fonda）领衔主演，是一部全明星阵容的影片。该片将真实事件融入电影，辅以真实历史镜头，制作出一部讲述二战著名战役的好莱坞经典大片。（天顶出版社）

约翰·撒奇（John S. Thach）海军少校率领VT-3中队的“野猫”战斗机从“约克城”号上起飞，他目睹了一切。“当时我看到阳光下有东西一闪，”他后来写道，“看上去像是一条美丽的银色瀑布，紧接着这些俯冲轰炸机就冲了下来。我从未见过如此出色的俯冲轰炸阵势。我感觉几乎每一枚炸弹都命中了目标。”

短短几秒之内，许多国家的命运就此被决定，太平洋战争的走向也就此发生改变。美军的轰炸机如播种一般，将炸弹撒在飞行甲板上那些挂

一架日军飞机发动死亡俯冲时，被美国海军“企业”号及周围护航舰船的防空炮火击中，变成一团火球。此次战斗发生在1942年8月的东所罗门群岛战役期间，是一系列海战中的一次战斗。这些海战为瓜岛战役的胜利奠定了基础。此次战斗中，3枚日军炸弹击中“企业”号，致其在珍珠港维修6周。（美国国家海军航空博物馆/1996.488.272.009号/罗伯特·劳森拍摄）

满武器、加满燃油的日军飞机身边，让它们在堆积如山的弹药和油管中爆炸。南云忠一麾下“赤城”号、“加贺”号和“苍龙”号等 3 艘航母燃起熊熊大火，仿佛是在举行火葬仪式。最后，三舰全部沉没。

只有“飞龙”号因为上空风雨交加而未被发现。硕果仅存的“飞龙”号迅速释放了 18 架轰炸机和 6 架战斗机，向“约克城”号发动进攻。大部分日军飞机都被击落，但有 3 枚炸弹击中目标，令体型巨大的航母发生摇晃。日军发动第二波空袭，又有 2 枚鱼雷命中“约克城”号。损管措施使得倾斜的航母稳定下来，但 6 月 6 日，1 艘日本潜艇又向“约克城”号及其护航驱逐舰“哈曼”号（*Hammann*）发射鱼雷。“哈曼”号几分钟后沉没，“约克城”号也于次日沉没。

不过，负隅顽抗的“飞龙”号并没坚持多久。6 月 4 日下午，24 架“无畏”轰炸机（包括已失去母舰“约克城”号、如“孤儿”般的 10 架“无畏”轰炸机）从“企业”号上起飞，向这最后 1 艘日军航母投下 4 枚炸弹。“飞龙”号紧随另外 3 艘日军航母之后，沉入了太平洋海底。

中途岛战败对日本人来说是灾难性的，他们损失了 4 艘航母、1 艘巡洋舰、332 架飞机和 2000 多名人员。美军仅损失了英勇的“约克城”号航母、“哈曼”号驱逐舰、137 架飞机和 307 名人员。中途岛海战是海战史上单方完胜程度最高的一次战役，它扭转了二战的胶着局面，使日军开始处于防守态势。

山本五十六本想尝试引诱美军，使之与己方在海上正面交锋，但后来取消了中途岛登陆计划，并下令撤退。斯普鲁恩斯海军少将没有追击，而是下令航母向珍珠港进发。他记得尼米兹曾警告过自己，要保护好己方航母，遵循“预测风险”的原则。他与弗莱彻承担的不同风险，让一切变得迥然不同。

1931 年春，轻型航母“龙骧”号下水。它是后来日本帝国海军在东所罗门群岛战役中损失的主要战舰，被至少 3 枚美军炸弹击中，可能还有 1 枚鱼雷，后于 1942 年 8 月 24 日夜间沉没。战斗期间，共有 120 多名舰员伤亡。左侧照片中航母舰艏的前端是日本皇室菊花标志。（吴港海洋史和科学博物馆）

中途岛海战获胜后，美国海军从日本手里夺取了太平洋战场的主动权。1942 年 8 月 7 日，美国海军陆战队第 1 师所部几个小分队登陆所罗门群岛的瓜达尔卡纳尔岛（下文简称瓜岛）。据悉，日军已经在那里修建了一条飞机跑道，而这可能会威胁到澳大利亚，乃至整个南太平洋的盟军通信和补给线路。瓜岛争夺战持续了 6 个月，双方僵持不下，进行了多次惨烈的战斗。最终，海军陆战队占领了日军机场并将之建设完成，命名为亨德森机场，以纪念中途岛海战中牺牲的一位飞行员。12 月，他们得到美国陆军第 23 步兵师的支援。直到 1943 年 2 月日军撤离，瓜岛形势才算稳定下来。

美国海军派出了 3 支特遣舰队，各配有 1 艘航母，最初的任务是支持瓜岛登陆。“大黄蜂”号率领第 18 特遣舰队，“萨拉托加”号率领第 11 特遣舰队，“企业”号率领第 16 特遣舰队，弗莱彻继续负责战术指挥。对美军来说，这些航母的空中力量，再加上从亨德森基地起飞的“仙人掌”航空队的陆基飞机，在瓜岛战役中发挥了关键作用，因为该岛周围的制空权和制海权是最终获胜的前提。在这场艰苦卓绝的战役中，双方进行了 2 次大规模航母战斗，美国海军为此付出了高昂代价。

8 月中旬，双方都在忙于增兵，加强部署在瓜岛上的进攻力量：日军向岛上驻军增派士兵，美军向亨德森机场增派飞机。双方舰队蓄势待发，准备进行航母战。8 月 21 日，南云忠一海军中将从加罗林群岛的特鲁克岛基地启航。他率领的第 3 舰队实力强大，包括舰队航母“翔鹤”号和“瑞鹤”号，以及 1.015 万吨的轻型航母“龙骧”号。此外，日军两个任务组的数艘重型军舰移至所罗门群岛，而来自拉包尔的数十架陆基飞机负责对美国航母进行定位搜索和攻击。

弗莱彻将航母撤到瓜岛以南 400 英里（约 644 千米）处相对安全的位置，但海军陆战队在瓜岛泰纳鲁河（即伊卢河）战役的胜利又令海军部队得以重返瓜岛。此时，海军部队有两项任务，一是支援海军陆战队防守亨德森机场，二是与日益增兵的日本帝国海军作战。

1942 年 8 月 24 日，双方航母部队打响了东所罗门群岛海战。大约上午 9 时 30 分，弗莱彻接到报告，确定了“龙骧”号所在位置。不过，他

1942年8月24日，在东所罗门群岛战役中，日军多枚炸弹命中“企业”号，最后3枚在其飞行甲板上爆炸。“企业”号严重受损，不过损管小组表现出色，当天晚些时候它便可继续开展空中作战行动。这张照片的摄影师在此次爆炸中丧生。（美国国家档案馆）

担心日军已经察觉到自己的位置，所以等了4个小时才发起进攻。实际上，直到下午2时多，发现“企业”号和“萨拉托加”号的情报才通过无线电传送给南云忠一。当“翔鹤”号和“瑞鹤”号释放舰载机打击美军航母时，弗莱彻已经收到了发现日军大型航母的报告。下午4时，南云忠一将兵力增加了一倍，派出第二波打击部队。

大约就在同一时间，当“龙骧”号的舰载机空袭亨德森基地时，“萨拉托加”号的俯冲轰炸机和鱼雷轰炸机正飞临“龙骧”号上空发动攻击，至少有 3 枚炸弹和 1 枚鱼雷命中目标。无法控制的大火迅速蔓延，“龙骧”号于当天晚些时候沉没。执行空袭亨德森基地任务的飞行员返回时无处着舰，只能迫降海上。

“龙骧”号遭受重创几分钟后，南云忠一派出的第一波飞机便被“萨拉托加”号的舰载雷达发现。大约 4 时 30 分，经验丰富的日军飞行员驾驶俯冲轰炸机和鱼雷轰炸机兵分两路，同时发动攻击。“企业”号是距离最近的目标，遭到猛烈打击。不到 2 分钟，它就被 3 枚日军炸弹命中。第 1 枚炸弹落在飞行甲板上，穿透舰艉升降机下方的 3 层甲板后爆炸，造成舰员死伤 100 多人。第 2 枚爆炸的位置距第 1 枚仅 15 英尺（约 5 米），它燃起大火，导致舰上 5 英寸（约 127 毫米）的炮弹发生二次爆炸，造成 35 名舰员丧生。第 3 枚命中前飞行甲板，撞击后爆炸产生冲击波，撕开了一个 10 英尺（约 3 米）宽的大洞。损管小组效率很高，他们扑灭大火，堵住漏水，又修复了飞行甲板，让“企业”号在大约 1 小时后，奇迹般地再次开始了空中作战行动。

日本的第二波飞机没有发现美军航母，“萨拉托加”号的俯冲轰炸机也没找到日军的舰队航母。不过他们发现了日军的水上飞机母舰“千岁”号，对其发射了几枚炸弹，虽然大都脱靶，但还是致其严重受损。当晚，双方航母部队后撤。次日，亨德森基地的飞机击伤了 1 艘日军巡洋舰，击沉了 1 艘驱逐舰。

人们之所以通常认为东所罗门群岛战役是美军获胜，原因有二：一是日本帝国海军部队遭受的损失更大，二是日军增援瓜岛的部队被拖住了。然而，争夺瓜岛的战争并未结束。

太平洋战争初期的几个月，“黄蜂”号一直随美国大西洋舰队行动，帮助英国本土舰队[3]将飞机渡运至地中海马尔他岛。1942 年 6 月，“黄

蜂”号转战太平洋，其舰载机为海军陆战队登陆瓜岛提供支援。之后，“黄蜂”号在作战区域以南补充燃油，没有参加东所罗门群岛战役。

在瓜岛周围水域，日军潜艇的威胁一直存在。就在所罗门群岛战役结束一周后，日军I–26型潜艇发射1枚鱼雷，命中“萨拉托加”号右舷舰艉，使其进水并轻微倾斜。但更糟糕的是，此举使得“萨拉托加”号电力推进系统受损，一度无法自主航行，最终被拖船拖至珍珠港进行大修。

9月15日，“黄蜂”号、“大黄蜂”号以及新的战列舰“北卡罗莱纳”号负责将第7海军陆战团运送至瓜岛。当航母完成空中巡逻机起降、最后一

戴维·麦坎贝尔（David McCampbell，照片正中）海军中尉是美国海军“黄蜂”号航母的着舰信号官，他正在向抵近航母飞行甲板的飞机发出信号。后来，麦坎贝尔成为二战中美国海军击落敌机数量最多的战斗机王牌飞行员，确认击落敌机34架。他身后是助理着舰信号官乔治·“博士”·萨维奇（George E. “Doc” Savage）海军少尉。这张照片可能摄于1942年初。（美国国家档案馆）

架“野猫”战斗机降落之际，警戒哨兵突然大喊：“3 枚鱼雷，右舷舰艏前方 3 点钟方向！”

日本 I–19 潜艇共发射了 6 枚鱼雷，这可能是太平洋战争中破坏力最强的一次攻击了。海军上校福雷斯特·谢尔曼（Forrest Sherman）立刻采取规避措施，命令右满舵。但这项措施未能奏效，3 枚鱼雷接连击中“黄蜂”号的右舷弹仓和装满航空燃料的储油罐附近。另有 2 枚鱼雷穿透航母舰艏，其中 1 枚击中“奥布赖恩”号（*O'Brien*）驱逐舰舰艏左舷，另 1 枚从它的舰艉擦身而过。战斗持续了整整 8 分钟，I–19 潜艇发射的最后 1 枚鱼雷命中“北卡罗莱纳”号左舷，炸开了一个 32 英尺（约 10 米）长、18 英尺（约 5 米）宽的大洞，造成 5 名舰员丧生。

“黄蜂”号航速降至 10 节（约 19 千米 / 小时），舰上大火蔓延，引爆弹药并烧毁了停放在机库甲板上的飞机。内部爆炸使航母整个舰体都在震动，1 小时后，上级下达弃舰的命令。当晚 9 时，即它被击中约 6 个小时之后，美军驱逐舰发射鱼雷，将这艘烧黑的航母击沉。

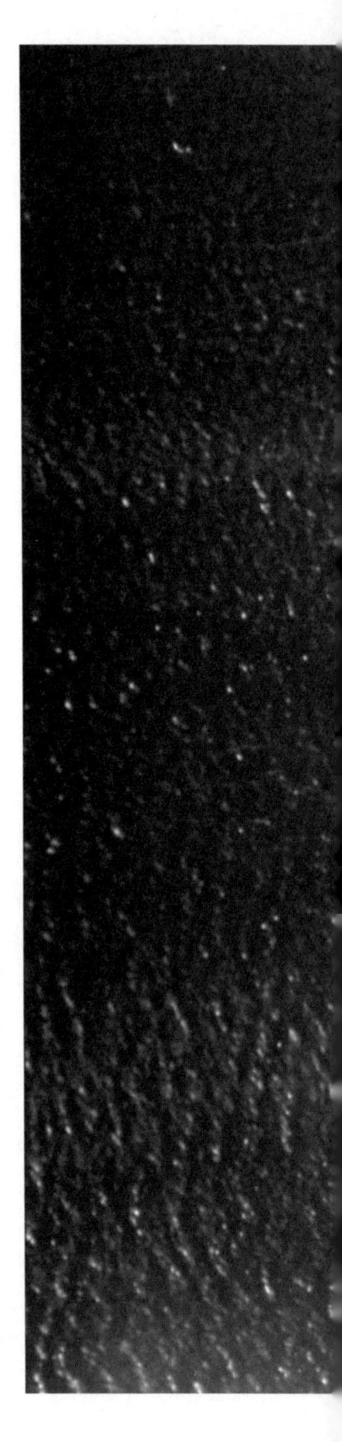

这张照片拍摄于“黄蜂”号在海上航行时。1942 年 8 月初，美国海军“黄蜂”号抵达所罗门群岛瓜岛附近水域。当月中下旬，它南下补给燃油，没有参加东所罗门群岛战役。（美国国家档案馆）

上图：1942 年 4 月，格鲁曼 F4F“野猫”战斗机和超级马林“喷火”战斗机停放在美国海军“黄蜂”号航母的飞行甲板上。1941 年，“黄蜂”号为美军占领冰岛的行动提供支援，然后与英国皇家海军开展联合作战行动，两次将战斗机渡运至四面受敌的地中海马耳他岛。1942 年 6 月，“黄蜂”号转战太平洋。（美国国家海军航空博物馆 /1996.253.7386.029 号）

右图：1942 年 9 月 15 日下午，在瓜岛附近海域，美国海军“黄蜂”号航母被日本 I-19 潜艇的 3 枚鱼雷击中，燃起熊熊大火。日军发射了 6 枚鱼雷，其中 5 枚命中目标，导致“奥布赖恩”号驱逐舰及“北卡罗莱纳”号战列舰受损。当晚大约 9 时，“黄蜂”号沉没，193 人阵亡，366 人受伤。（美国国会图书馆）

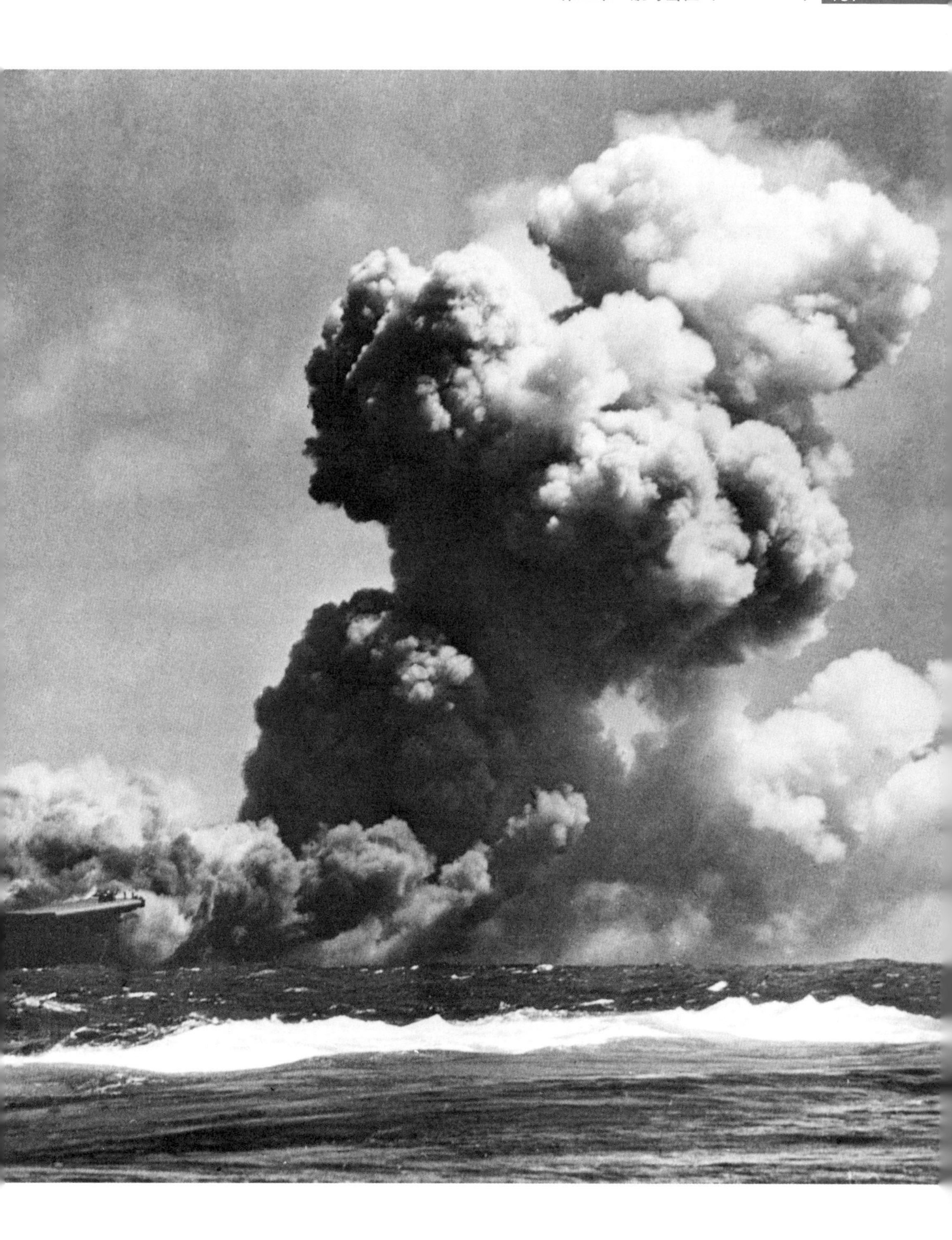

航母飞行甲板上，一名美军飞行员坐在飞机驾驶舱内，系紧安全带，准备起飞。飞机驾驶舱狭小，塞满了各类仪表和其他设备。飞行员通常发现，当他必须紧急跳伞时，会因此难以脱身。（美国国家档案馆）

10月份时，日军和美军在瓜岛已进行了近3个月的拉锯战。现在，双方就像是2名被打得头昏眼花的拳击手，谁都不愿主动退却。双方都在不断增援。日军还集结了锚泊在特鲁克岛的海军部队，将4艘航母、5艘战列舰、8艘重型巡洋舰、4艘轻型巡洋舰和27艘驱逐舰调往所罗门群岛附近水域。一心想消灭对手的日军潜艇继续四处游猎，另有200

多架战斗机和轰炸机部署在拉包尔，目的是在一场旨在夺取亨德森机场的大规模攻势中提供支援，对美国海军部队造成决定性的破坏。

“企业”号在珍珠港接受了2个月的维修返回战区时，美国海军可以动用的反击部队数量不到敌军的一半。虽然海军陆战队据守在亨德森机场，但海军部队仅有“企业”号和“大黄蜂”号航母、新的战列舰“华盛顿”号和“南达科他”号、5艘重型巡洋舰和2艘轻型巡洋舰，以及12艘驱逐舰。航母部队的战术指挥由托马斯·金凯德（Thomas Kinkaid）海军少将负责，威利斯·李（Willis Lee）海军上将指挥一支特遣舰队，近距离直接支援瓜岛行动。

按照惯例，日军兵分三路，分别由南云忠一海军中将、近藤信竹海军大将、阿部弘毅海军中将指挥。与此同时，尼米兹对所罗门群岛总司令罗伯特·戈姆利（Robert L. Ghormley）海军中将失去了信心，任命更擅长采取攻势作战的哈尔西取而代之。哈尔西上任后立刻开始寻找战斗时机。

他找到了。

尽管日本陆军部队在瓜岛奋战5天仍以失败告终，日本海军将领并未气馁。10月26日清晨，当两支航母部队彼此距离不到200英里（约322千米）时，“企业”号的侦察机发现了南云忠一，也发现了老对手“翔鹤”号和“瑞鹤”号航母，以及随行的“瑞凤”号轻型航母。不到15分钟，日军侦察机也发现了“大黄蜂”号。双方争先恐后地发射战机，开始空战。

日军率先发射了21架“瓦尔”俯冲轰炸机、20架“凯特”鱼雷轰炸机及护航的21架零式战斗机。“大黄蜂”号和“企业”号则释放了73架飞机。正在执行侦察任务的2架“无畏”俯冲轰炸机自发加入战斗，投下数枚500磅炸弹，重创“瑞凤”号，致其无法继续空中作战。

双方互相发动空袭，在空中交战中均有飞机损失。几分钟后，“大黄蜂”号的俯冲轰炸机发现了“翔鹤”号，投下数枚炸弹并命中目标，致其起火并破坏飞行甲板。美军飞机还击毁了1艘轻型航母和1艘驱逐舰。

上午9时不到，日军飞机发起进攻。此时“企业”号上空一时风雨大作，无法攻击，所以初期攻势全都集中在“大黄蜂”号身上。这场战役被称为圣克鲁斯群岛战役，后来升为海军少将的弗朗西斯·福利（Francis D. Foley）当时是“大黄蜂”号的空战军官。他还记得那个决定命运的早上所发生的一切。他写道：

尽管防空炮火非常有效，但还是有1枚重型炸弹击中了舰艇的飞行甲板，造成了严重破坏和无数伤亡。另有2枚炸弹虽未命中船体，但仍对我们造成了冲击。有个俯冲轰炸机编队的队长驾驶着火的飞机向我们俯冲下来，有3枚炸弹命中：1枚在舰岛旁的飞行甲板上爆炸，1枚在烟囱的上段爆炸，1枚是哑弹，打穿了舰艇下甲板。飞机机身将信号桥撞断，导致12人伤亡，汽油引起大火，一时难以扑灭。所有这些就发生在我的头顶。

福利说的是日军飞行编队队长驾驶的飞机。此人意识到自己飞机起火后，决定撞向“大黄蜂”号，而不是迫降海上。日军鱼雷轰炸机发射的2枚致命鱼雷，击中了“大黄蜂”号右舷中部，导致航母失去了全部动力，但3艘驱逐舰向航母喷水，最终控制住了火势。很快，更多的日军飞机飞了过来，全部扑向已经暴露的“企业”号。2枚炸弹命中目标，造成44名舰员丧生，另有75人受伤。

右图：1942年10月，圣克鲁斯群岛战役期间，美国海军“企业”号舰员向准备起飞的飞行员展示消息，通报1艘已被发现的日军航母的航线与速度，同时通知他们继续前进，不要等待“大黄蜂”号航母上的飞机前来会合。此战中，“大黄蜂”号被3枚炸弹和3枚鱼雷命中，还被2架受损的日军战机主动撞击，最终于1942年10月27日黎明前沉没。（美国国家海军航空博物馆/1996.488.005.001号）

下图：圣克鲁斯群岛战役期间，美国海军“企业”号航母试图抵御来袭的日军飞机，猛烈而准确的防空炮火带着阵阵浓烟，布满天空。“企业”号严重受损，后前往南太平洋法属新喀里多尼亚岛接受维修，并在次月的瓜岛海战中发挥了关键作用。（美国国家档案馆）

2

1942年10月，美国海军护航航母“桑提”号的舰员正在为一架道格拉斯SBD“无畏”俯冲轰炸机的后置0.3英寸（约76毫米）机枪补充弹药。“桑提”号在大西洋执行护航任务，为盟军登陆北非的“火炬行动”提供空中支援，后于1944年2月转战太平洋。（美国国家档案馆）

照片摄于英国皇家海军航母“皇家方舟”号的甲板上，它的旁边是冒着蒸汽、向前航行的英国皇家海军航母“光荣”号。拍摄时间是 1940 年 5 月，这是“光荣”号的最后一张照片。6 月初，德国战列巡洋舰“沙恩霍斯特”号和“格奈森瑙”号使用舰炮将“光荣”号击沉。“光荣”号前方是英国皇家海军的驱逐舰“月亮女神”号。（美国海军）

下午晚些时候，又有 1 枚日军航空鱼雷命中“大黄蜂”号，使其舰体严重倾斜并再次失去动力。无奈之下，哈尔西下令美军驱逐舰发射鱼雷和火炮将其击沉，但未能成功。最终还是被日军驱逐舰击沉。

人们认为，在圣克鲁斯群岛战役中，日军虽然赢得战术胜利，但旨在占领瓜岛和消灭附近美国海军的努力却遭挫败。日军再次统计经验丰富的飞行员的损失数量，发现一些飞行员返舰后，明显受到了刺激，无法正常交流。

“隼鹰”号航母上的空战军官称：

我们心惊胆战地在天空搜索着。几小时前起飞时还有那么多的飞机，但如今只有这么几架……这些飞机摇摇晃晃地冲向甲板，每架战斗机或轰炸机的机身都布满弹孔……飞行员疲惫地从狭小座舱中爬出来，讲述着敌军令人难以置信的反击，以及漫天炮火的弹片和航迹。

受损的“企业”号在新喀里多尼亚群岛接受为期2周的维修后返回战场，参加了海军在11月发动的瓜岛战役。此战虽然主要是水面舰船及陆基飞机之间的交战，但最后还是在瓜岛彻底结束战斗，并以美国获胜告终。在这段关键时期，“企业”号是美军在整个太平洋唯一一艘可以参战的航母。日军航母在圣克鲁斯群岛战役中受损，数月内无法参战。

瓜岛战役获胜后，美军部队继续在太平洋的陆上和海上发动进攻。从1943年到战争结束，“企业”号这艘美军埃塞克斯级航母作为主要的进攻武器，一直四处征战，最终成为传奇。

当美国于1941年12月7日宣布参加二战时，英国已与纳粹德国交战2年有余。英国皇家海军的航母在保卫本岛方面发挥了关键作用。1942年，英国根据实战经验，对航母的战术运用进行了修正。

起初，英军航母参加二战的历程极不顺利。1939年9月17日，即英国向德国宣战2周之后，英国皇家海军“勇敢”号航母在芬兰沿海执行大西洋巡逻任务。德军U–29潜艇对其进行了长达2个小时的跟踪。天黑后，2艘护航驱逐舰离队，前去救援1艘遭到攻击的商船，同时航母转向迎风方向，释放舰载机。U–29潜艇随即发射2枚鱼雷，击中航母左舷，致其20分钟后倾覆并沉没，500多名舰员丧生。“勇敢”号沉没后，英国海军部决定不再派遣航母冒险执行反潜巡逻任务。

1940年4至5月，“光荣”号和“皇家方舟”号为英国陆军在挪威的军事行动提供支援，但此战最终失败。6月，“光荣”号返回英国本土舰队位于苏格兰北部奥克尼群岛斯卡帕湾的主锚地。同时，装备11英寸（约279毫米）主炮的德国海军战列巡洋舰“沙恩霍斯特”号和“格奈森瑙”号，正在挪威外海游猎英国商船。

纳粹的航母

关于美英日等国海军的航母及其在二战期间的战斗经历，很多人都曾撰文讨论，但关于纳粹德国海军建造和部署航母的历史，不仅很短，而且鲜为人知。

早在 1933 年，德国海军指挥官就计划建造 1 艘航母，它的排水量为 2.2 万吨，最高航速 35 节（约 65 千米 / 小时），编制舰载机 50 架，可以搭载梅塞施密特 Bf 109 战斗机、容克 Ju 87“斯图卡”俯冲轰炸机及携带鱼雷的菲斯勒 Fi 167 双翼机——这些飞机均为海军改装型号。德国批准的计划是建造 2 艘航母，它们最初被称为 A 和 B。航母 B 的建造进程过于缓慢，于 1940 年 3 月被叫停。

不过，航母 A 的建造工作没有停止。1936 年 12 月 28 日，航母正式开工，2 年后下水，命名为“齐伯林伯爵”号（*Graf Zeppelin*），编制舰员 1760 人。最终，它的排水量是 2.809 万吨，总长 820 英尺（约 250 米），动力由 4 台齿轮减速涡轮机提供，功率 20 万轴马力。武器装备为 16 门 5.9 英寸（约 150 毫米）舰炮，以及 20 毫米、30 毫米和 40 毫米的防空炮共计 60 余门。

1940 年春，航母的建造工作接近尾声。不过，为彻底打赢大西洋战役，德国将稀缺的资源转移到建造更多 U 型潜艇的工程。1942 年 5 月，德国对航母设计方案进行改进后继续建造。1943 年 1 月，第三帝国在军事上接连受挫，航母的建造工作也停了下来。未完工的航母被从基尔拖到波兰的斯德丁，并于 1945 年初被凿沉，以免被不断向前推进的苏联红军俘获。

1946 年，苏联将“齐伯林伯爵”号打捞上来，次年试图将其拖回列宁格勒港。不过，这艘航母在拖曳途中沉没，很可能是因为撞上了漂浮的水雷。

“齐伯林伯爵”号是德国唯一一艘下水的航母。

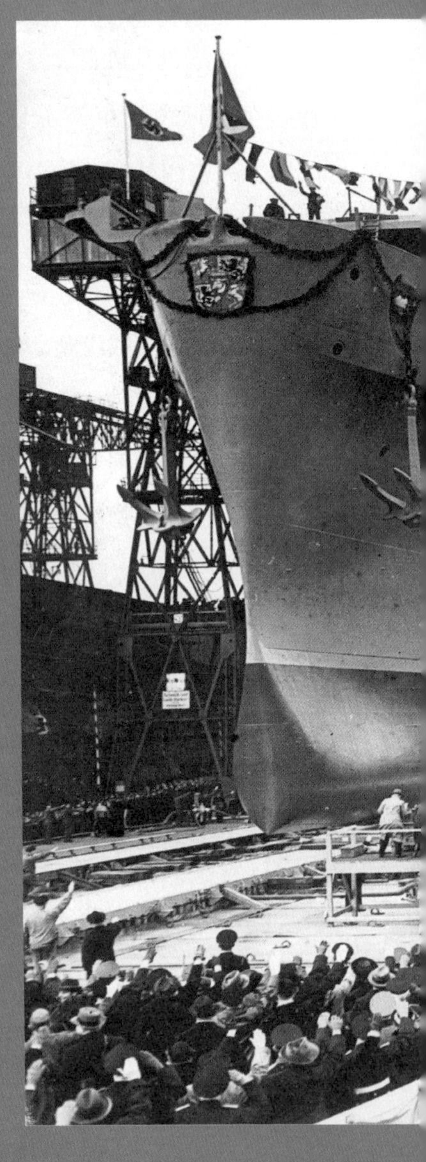

右图："齐伯林伯爵"号下水后便一直泊于基尔港，舰艏前是3艘拖船。航母预计排水量2.8万吨，但一直没有完工。（美国国家海军航空博物馆/1996.488.037.060号/罗伯特·劳森拍摄）

下图：1938年12月8日，"齐伯林伯爵"号航母装饰着花环和纳粹旗帜，等待举行下水仪式。它曾多次启动和中断建造工作，二战后苏联将这艘凿沉航母的舰体打捞上来。1946年，苏联试图将"齐伯林伯爵"号拖回列宁格勒港，途中永远沉入海底，可能是因为撞上了1枚水雷。（《南德日报》/阿拉米图片社）

683
682

英国皇家海军舰队航空兵的双翼机停放在“光辉”号航母上，时间大约是1938年。虽然二战初这种飞机早已过时，但在1940年11月11日，费尔雷“剑鱼”鱼雷轰炸机从“光辉”号的甲板上起飞发起攻击，使得停泊在塔兰托港的意大利舰队陷于瘫痪。（画报出版有限公司/阿拉米图片社）

6月8日，大约下午4时，德军发现“光荣”号烟囱冒出的黑烟。几分钟后，英军也发现附近有其他军舰，便派“热情”号（*Ardent*）驱逐舰前去侦察，而航母和“阿科斯塔”号（*Acosta*）驱逐舰则继续正常前行。英军飞机没有升空，也没有预先采取行动以避免迎敌。4时30分，德军“沙恩霍斯特”号和“格奈森瑙”号炮击“热情”号，“热情”号被击沉。

5分钟后，英国航母“光荣”号在前方现身。“沙恩霍斯特”号向这个几乎毫无还手之力的庞然大物开火。它立刻中弹，1发炮弹穿透舰桥上的舰岛，造成包括舰长在内的多人死亡。还有1发11英寸（约279毫米）炮弹将飞行甲板炸开一个大洞，将2架试图起飞的“剑鱼”鱼雷轰炸机炸成碎片。“光荣”

号开始向右舷倾斜，它的驾驶系统遭到破坏，轮机舱爆炸，动力丧失。

“沙恩霍斯特”号和“格奈森瑙”号步步紧逼，对这艘航母进行近距瞄准炮击，致其于凌晨6时沉没。几分钟后，“阿科斯塔”号也沉没了。只有43名英国舰员在“光荣”号沉没后获救。

尽管英国航母一开始遭遇挫折，但其航空部队在1940年秋发动了一次决定性的打击。意大利法西斯独裁者墨索里尼认为地中海应当是意大利的内湖，曾花费数年时间，打造出一支可与英国皇家海军相匹敌的强大舰队，以争夺它的控制权。

虽然英国皇家海军率先发展起航母，但其舰载机一直处于令人苦恼的过时状态。1939年夏，战争迫近之际，英国的舰队航空兵只有340架飞机，而且基本全是老旧的双翼机。然而，意大利对英国从直布罗陀海峡到中东及北非海岸的军事行动构成严重威胁，英国必须采取行动。

早在1935年，英国皇家海军就已考虑对意大利先发制人。1940年夏，当地中海航母舰队的阿瑟·利斯特（Arthur L. St. George Lyster）海军少将登上新服役的“光辉”号航母之后，这个计划便再次启动了。

意大利皇家海军在意大利南部塔兰托港停泊了6艘战列舰、7艘重型巡洋舰、2艘轻型巡洋舰和8艘驱逐舰。意大利的军舰虽然实力强大，但在港口锚泊时的防御力量可能远逊于在远洋之间。利斯特和地中海舰队司令安德鲁·坎宁安（Andrew Cunningham）海军中将开始对塔兰托发动空袭，代号“审判行动”（Operation Judgement）。

1940年11月11日，经过数次飞行侦察，英国确定意大利军舰均在港口停泊，于是下令24架费尔雷“剑鱼”鱼雷轰炸机从“光辉”号甲板上起飞，分两个攻击波次出发。它们部分挂载鱼雷，部分挂载炸弹，以同时对岸上和海上目标进行轰炸。

第一波是 12 架飞机，其中有 4 架在云层和黑夜中迷失了方向。当晚刚过 11 时，第一波进攻的指挥官威廉森（K. W. Williamson）海军少校便驾驶“剑鱼”轰炸机冲向密集的防空炮火，并投下 1 枚鱼雷，将战列舰“加富尔”号（*Conti di Cavour*）水下部位炸出一个 27 英尺（约 8 米）宽的大洞。威廉森的飞机不久便被击落。第一波其他“剑鱼”轰炸机投掷的 2 枚鱼雷命中了“利托里奥”号（*Littorio*）战列舰。第二波是 9 架“剑鱼”轰炸机，由“生姜”·黑尔（J. W. “Ginger” Hale）海军少校率领。它们也有 1 枚鱼雷命中“卡约·杜伊利奥”号战列舰（*Caio Duilio*），致其前置弹药库进水。

“加富尔”号最终垂直沉没于港口浅水区底部，“利托里奥”号和“卡约·杜伊利奥”号则自行搁浅以防沉没。巡洋舰“特兰托”号（*Trento*）被 1 枚炸弹命中，但未爆炸，只是轻微受损。英军在空袭塔兰托的行动中损失了 2 架“剑鱼”轰炸机。威廉森和他的　望员斯卡利特（N. J. Scarlett）海军上尉奇迹般生还，但被敌军俘虏。第二架鱼雷轰炸机的飞行员和　望员阵亡。为表彰此次任务，威廉森和黑尔获得“金十字英勇勋章”，斯卡利特与黑尔的　望员卡莱恩（G. A. Carline）海军上尉获得“铜十字英勇勋章”。

空袭塔兰托的行动，证明了航母舰载航空力量对敌方锚泊舰队开展空中打击的可行性。老旧的“剑鱼”轰炸机突破了意大利防空网，用经过改装、可在港口浅水海域穿行的鱼雷，将意大利皇家海军部署在地中海的战列舰击毁了一半。日本帝国海军高层军官对这场空袭非常感兴趣，也因此变得胆大妄为，于次年策划了卑鄙的珍珠港偷袭行动。

英国首相温斯顿·丘吉尔曾经说过，英国战争装备与重要补给的生命线横跨数千英里的海洋，面临来自德国 U 型潜艇的威胁时过于脆弱，而这个威胁也许就是二战期间英国在与纳粹进行殊死决斗时唯一无法克服的困难。1944 年之前，盟军在大西洋战役中一直未能取胜，而德国海军的水面袭击者所带来的危险加剧了丘吉尔对德国U型潜艇的担忧。从北极圈到印度洋，德国的袖珍战列舰、战列巡洋舰和伪装成商船的军舰对盟军海运造成了重大损失。

不过，最让人担心的攻击军舰是纳粹的战列舰“俾斯麦”号（*Bismarck*）和“提尔皮茨”号（*Tirpitz*）。最终，英军轰炸机将锚泊在挪威特罗姆瑟港的“提尔皮茨”号炸沉。1941年春，“俾斯麦”号及为其护航的重型巡洋舰“欧根亲王”号（*Prinz Eugen*）试图突入大西洋。追击“俾斯麦”号的战斗，成为一场史诗般的大海战。这一次，来自航母甲板的笨重的费尔雷“剑鱼”双翼机再次发挥了至关重要的作用。

4.2万吨的“俾斯麦”号装有8门15英寸（381毫米）主炮，为4座双联装配置，其火力对大西洋上的商船队来说是致命的，再英勇的护航军舰也不可能长时间抵御这艘战列舰上巨炮的轰击。英国海军部急忙调遣一切可用的军事力量，力求找到并击沉“俾斯麦”号。

5月24日，在进行了长达一周的捉迷藏式生死追逐之后，德军军舰击沉了英国皇家海军引以为傲的战列巡洋舰“胡德”号（*Hood*），击伤了刚刚入役的战列舰“威尔士亲王”号，击退了航母“胜利”号发起的攻击，然后从英军雷达屏幕上消失了。不过，纳粹德国的这艘战列舰在5月24日的作战中也同样受伤。英军1发炮弹将其燃油罐炸裂，海水灌入，其尾流拖着长长的油迹。由于“俾斯麦”号受损严重，京特·吕特晏斯（Günther Lütjens）海军上将命令“欧根亲王”号继续行动，自己则带着“俾斯麦”号前往法国港口布列斯特。他希望自己迅速进入德军陆基战斗机和轰炸机的航程范围，进入U型潜艇的保护圈。

后来，吕特晏斯打破了无线电静默，向柏林发去了一封长长的电报，这让本已驶向错误方向的英军追击部队得以修正航线，但此举的原因从未被解释清楚。5 月 26 日早晨，英军飞艇再次发现“俾斯麦”号的踪迹，当时该舰正在继续靠近友军布满空中掩护的布列斯特港。看起来，似乎这艘德国战列舰已经成功逃出生天了。

英国本土舰队司令、海军中将约翰·托维（John Tovey）爵士别无选择。部署在直布罗陀海峡、由萨默维尔（Somerville）指挥的 H 部队从地中海赶来。这支部队有航母“皇家方舟”号及其“剑鱼”编制舰载机联队。5 月 26 日下午，15 架被大家称为“网兜”（Stringbags）的“空中古董”从甲板起飞，前去搜寻“俾斯麦”号。

几架“剑鱼”轰炸机误将己方“谢菲尔德”号（*Sheffield*）巡洋舰当作敌军目标并发动攻击，但没有命中。没有投掷鱼雷的飞机继续前进并发现了“俾斯麦”号，用 2 枚鱼雷击中了这艘军舰。其中 1 枚造成的破坏可以忽略不计，但另 1 枚卡住了这个庞然大物的方向舵，致其左转 15 度。由于无法修理此处的损伤，“俾斯麦”号只能朝一个方向，也就是西北方向前进，却正对上一路追来的英国皇家海军军舰。

次日清晨，英国战列舰“乔治五世”号和“罗德尼”号（*Rodney*）向“俾斯麦”号发射了 14 英寸（约 356 毫米）和 16 英寸（约 406 毫米）炮弹。它从头到尾燃起大火，承受着惨重无比的惩罚。舰员伤亡无数，十分恐怖。最终，“俾斯麦”号在上午 11 时刚过之际，向左舷倾斜，舰艉首先沉没。致命一击到底是英国巡洋舰“多塞特郡”号（*Dorsetshire*，一年后在印度洋被日军战机击沉）发射的鱼雷，还是“俾斯麦”号舰员自己引爆的炸药，至今仍有争议。德军 2000 名舰员中只有 110 人生还。

但有一件事是确定的：正是老旧的费尔雷“剑鱼”轰炸机和将其载入战场的“皇家方舟”号航母，战胜了“俾斯麦”号。

“皇家方舟”号是英国皇家海军史上最著名的战舰之一，不仅参加了

英国皇家海军“皇家方舟”号航母上，一架机翼折叠的双翼机正通过升降机升至飞行甲板上。“皇家方舟”号可能是二战期间英国皇家海军最著名的航母，它参加过追击“俾斯麦”号的行动，以及向地中海上四面受敌的马耳他岛运送物资装备的任务。（波珀图片社/盖蒂图片社）

追击“俾斯麦”号的行动，参加了在挪威海域搜寻德国袖珍战列舰“斯佩伯爵”号（*Graf Spee*）的行动，还参加了将急需战斗机渡运至四面受敌的马耳他的行动。1941年11月13日，“皇家方舟”号完成渡运任务，在返回直布罗陀海峡的途中被德国U–81潜艇发现。1枚鱼雷击中它的中部，将右舷炸开一个130英尺（约40米）长的大洞，导致舰体大量进水。之后，它的舰体开始倾斜，倾斜角度超过20度，极为危险。

英国试图将受到重创的“皇家方舟”号拖走，但没有成功。次日，它倾覆并断为两截，最终沉没。它的编制舰员1500人，但只有1人丧生。舰长洛本·蒙德（Loben Maund）海军上校后来受到军事法庭审判，被判有罪，罪名是疏忽导致航母沉没。不过，“皇家方舟”号之所以会被1枚鱼雷击沉，部分原因在于它是由电力驱动的，一旦锅炉和其他机械设备进水，整艘航母便无法行动。有了这个惨痛的教训，在建的光辉级航母修改了设计，以便为重要的内部空间提供更多保护。

1942年8月11日，又一艘英国皇家海军的航母在地中海成为德国U型潜艇的牺牲品。当年夏季，英国皇家海军的老旧航母“鹰”号和美军航母“黄蜂”号一起，将战斗机渡运至马耳他岛上，然后为前往执行“基座行动”（Operation Pedestal）的运输船队提供空中掩护。在为期8天的苦战中，这支船队遭到来自陆地和海上的攻击，损失9艘商船。护航军舰也遭受较大损失，包括2艘轻型巡洋舰、1艘驱逐舰和“鹰”号航母。当时，德国U–73潜艇发射的4枚鱼雷将这艘

航母炸开了一个口子。4 分钟不到，它便在地中海马约卡岛附近海域沉没了。

1942 年年底，航母作为新型海战先驱，在将战局扭转至有利于盟军的方向发挥了重要作用。随着二战的持续，盟军的工业能力超过了敌方阵营，凭借众多武器赢得了最终胜利，而其中新一代航母功不可没。

注释

[1]　这是米切尔当时的军衔。他于 1942 年 6 月升为海军少将，1944 年 3 月升为海军中将，后文亦有提及。

[2]　在判断日军进攻目标时，美国的夏威夷情报站发现日军电报中频繁出现“AF”，并判断它指代的就是中途岛，但此事需要验证。他们要求中途岛基地拍发明码电报，说淡水蒸馏设备发生故障。于是，他们便侦获到日本海军报告“AF”缺乏淡水的电报，证实“AF”就是中途岛。

[3]　英国本土舰队（Home Fleet）是英国海军主力，主基地为斯卡珀湾和波特兰。它没有固定战区，经常派遣舰队对外开展行动。

1941 年 11 月 13 日，英国皇家海军“皇家方舟”号航母被德国 U-81 潜艇的 1 枚鱼雷击中，右舷严重倾斜。尽管英军试图用拖船将其拖至直布罗陀海峡，但“皇家方舟”号还是在次日沉没了。英军在其沉没后开展调查，认定设计缺陷是其沉没的主因。（画报出版有限公司 / 阿拉米图片社）

一架格鲁曼 F6F“地狱猫”战斗机准备从埃塞克斯级航母“约克城”号的甲板上起飞。如果飞机静止但螺旋桨旋转，就会产生光晕，这是因为螺旋桨旋转导致空气压力下降及温度改变，产生水汽凝结，于是光晕便会沿着机身四周旋转。（美国国家档案馆）

第四章 航母大战

1942—1945

一战的最后一年，英国皇家海军坚信未来必有航母存在。停战之后，英国建造并最终部署了“百眼巨人”号，从而承认了两个事实：一是英国在日德兰海战中的经验显示，在进行大规模水面交战之前，只开展海上侦察是远远不够的；二是从航母甲板上起飞的飞机可以提供更好的实时情报，掌握敌军战舰的部署情况。

到了 20 世纪 30 年代，日本和意大利等签约国在 1922 年签订了《华盛顿海军条约》及其后续协议，开始拼命建造军舰。极权主义和军国主义政权成为主流，试图公开或秘密重整军备。

由于一系列协议限制了航母的吨位，美国海军继续沿袭二战前的航母设计方案。1938 年春，美国国会通过《海军扩军法案》（Naval Expansion Act），授权建造排水总量为 4 万吨的航母。美国计划建造 2 艘航母，即“大黄蜂”号和“埃塞克斯”号（*Essex*）。“大黄蜂”号凭借自身优势获得了相当程度的美誉，而“埃塞克斯”号则是这个如今誉满全球的传奇级航母的首舰。埃塞克斯级航母最终完工 24 艘，是太平洋战争的制胜法宝，象征着美国海军今后半个世纪的海上实力。

美国海军埃塞克斯级航母“约克城”号上，一名舰员正在准备把炸弹挂载于甲板的一架格鲁曼 TBF“复仇者”飞机上。一艘埃塞克斯级航母所搭载的舰载机联队，拥有超过 90 架飞机。二战中，一支美国海军特遣舰队的飞机总数有时会超过 1000 架。（美国国家档案馆）

在设计上，埃塞克斯级航母排水量 2.7 万吨，没有像之前约克城级航母建造时那样受到条约的限制，此外还完成了一系列从“大黄蜂”号开始就已经实施的改进。新型航母将重点放在攻击力方面，尤其是舰载机的数量和型号。它可搭载 90 多架飞机，几乎是同时代英国舰队航母的 3 倍，后者的飞行甲板装有装甲，编制舰载机被限定在 36 架。

埃塞克斯级航母的吃水线处宽 93 英尺（约 28 米），最大宽度 148 英尺（约 45 米），飞行甲板长 862 英尺（约 263 米）；舰艇中线有 2 部升降

机，长 48 英尺（约 15 米），宽 44 英尺（约 13 米）有余；甲板边缘有 1 部升降机，长 60 英尺（约 18 米），宽 34 英尺（约 10 米）有余，通过巴拿马运河船闸时可以收回。该设计可直接满足美国这种两洋海军的需求。埃塞克斯级航母的排水量比“大黄蜂”号多 6500 吨，船舷比它长 10 英尺（约 3 米），飞行甲板也比它长 40 英尺（约 12 米）。随着战斗机型号不断发展，飞机自重增加，航母设计也相应有所改进。英国于 1943 年 3 月在正在建造的航母上，加装了 2 个甲板弹射器。

它装有 8 台巴布科克·威尔科克斯锅炉，产生的蒸汽可推动 4 台威斯汀豪斯涡轮机，功率 15.4 万轴马力，最高航速 33 节（约 61 千米 / 小时）。虽然舰体小于早年由战列巡洋舰改装的航母，但埃塞克斯级航母吨位更大、攻击力更强，航速也更快。因此，该级航母被称为“快速”航母。二战期间，共计 17 艘埃塞克斯级航母入役，其中 15 艘曾参与作战。

1943 年秋，美国海军“列克星敦”号航母待命室里，曾在马绍尔群岛上空参战的 VF-16 战斗机中队正在待命。“列克星敦”号是埃塞克斯级航母，1943 年 2 月 17 日入役，为纪念珊瑚海海战中损失的“列克星敦”号而得名。新“列克星敦”号绰号“蓝色幽灵”，曾在太平洋参加无数次军事行动，战后保存至今，成为得克萨斯州科珀斯克里斯蒂城的漂浮博物馆。（美国国家档案馆）

这是一架格鲁曼 F6F“地狱猫”战斗机。它停放在美国海军“约克城”号甲板上，引擎轰鸣，准备起飞。美国海军一共建造了 24 艘埃塞克斯级航母，“约克城”号就是其中之一。（美国国家海军航空博物馆 /1996.253.7171.001 号）

左图：威廉·“公牛”·哈尔西海军上将是美国第3舰队司令，他正乘坐旗舰“新泽西”号上的高级军官专用汽艇，前往太平洋某基地参加会议。照片展示的是他在途中与手下参谋讨论问题。美国海军部署在太平洋的航母及其他军舰，在接受哈尔西指挥开展行动时，编入第3舰队；在接受雷蒙德·斯普鲁恩斯海军上将指挥时，编入第5舰队。（美国国家档案馆）

下图：一架刚从航母甲板上起飞的道格拉斯SBD“无畏”俯冲轰炸机，正在逐渐远离身经百战的“企业”号航母。“企业”号战后幸存，继续与其他舰体更大、性能更先进的航母共同服役多年。背景右后方是埃塞克斯级航母“列克星敦”号。（美国国家档案馆）

21
9

1940 年 2 月，埃塞克斯级航母的原型舰和另外两艘同级航母的订单，在弗吉尼亚州纽波特纽斯造船厂签署。1941 年 4 月 28 日，“埃塞克斯”号开工建造，1942 年 7 月 31 日下水，年底入役。按照各方一致敲定的航母建造计划，美国海军的航母实力将达到史无前例的水平。美国宣布参加二战后，美国海军在战争期间又订购了 19 艘埃塞克斯级航母，分别在纽波特纽斯、布鲁克林、费城、诺福克等地的海军造船厂及位于马萨诸塞州的霍河造船厂建造。服役期间，这些埃塞克斯级航母都进行过全面升级和改进，即进行过至少 5 次的改装。

随着二战的不断发展，美国海军于 1943 年 3 月对这批航母进行改装，这期间对设计进行了重大调整：除加装第 2 个甲板弹射器外，还在舰艏和舰艉加装 40 毫米防空舰炮；飞行甲板

1943 年，在太平洋上空的飞行行动中，一架道格拉斯 SBD“无畏”俯冲轰炸机准备从“约克城”号甲板上起飞，一名甲板舰员挥舞着黑白方格旗。其他飞机排队等待，准备执行攻击日本基地的任务。（美国国家档案馆）

42

1943 年 11 月，埃塞克斯级航母“列克星敦”号上，舰员正在忙着为道格拉斯 SBD“无畏”俯冲轰炸机装载弹药及进行检修。他们正在支援美国海军陆战队在占领吉尔伯特群岛的塔拉瓦环礁贝蒂奥岛的军事行动。塔拉瓦登陆战发生在太平洋战争期间，美国海军陆战队首次发动两栖进攻，目标是日军占据的海滩，双方你争我夺，相持不下。（美国国家档案馆）

稍作缩短，为舰炮提供更好的视野；在作战情报中心及战斗机指挥阵地等关键指挥区域的上方添加装甲防护；为当时在建的航母安装曲线型舰艏；为航空燃油罐和通风系统加装安全防护。这些加装曲线型舰艏的航母属于“长舰体”，早期未加装的则称为“短舰体”。

只有一艘埃塞克斯级航母是1942年之后开工建造的，那就是“好人理查德”号（*BonHomme Richard*）。它于1944年下水，仍保留“短舰体”设计。不过在二战期间，调整和改进的工作一直都在进行。随着防空武器不断改进，长型舰体的航母安装了18门40毫米舰炮，短型舰体的航母则安装17门。

埃塞克斯级航母成为组建快速航

这张照片是1944年11月13日，在美国海军“埃塞克斯”号航母甲板上拍摄的。在波涛汹涌的大海上，独立级轻型航母“兰利”号正在接受一艘舰队油船的燃油补给。“兰利”号是为纪念美国海军第一艘作战航母而命名的。照片中还可以看到两艘驱逐舰，一艘正在接受油船燃油补给，另一艘正在靠近航母，准备投送邮件。（美国国家档案馆）

母特遣舰队理念的中坚。这种理念主要体现在第58特遣舰队和第38特遣舰队的编队中。早在1944年，美国海军便将同型军舰编为由雷蒙德·斯普鲁恩斯海军上将指挥的第5舰队（第58特遣舰队）和由威廉·“公牛”·哈尔西海军上将指挥的第3舰队（第38特遣舰队）。

1943年秋，快速航母特遣舰队组建，下设航母特混大队（task group），每个大队包括3至5艘航母及一支由多艘巡洋舰、驱逐舰和新型快速战列舰组成的编队。这种新型快速战列舰不同于旧型战列舰，它能够高速航行，与埃塞克斯级航母保持战斗队形。除舰队航母外，新下水的独立级轻型航母以及战前设计的“企业”号和“萨拉托加”号也可以加入特混大队行动。无论何时，美国海军都有15艘以上的战斗航母在太平洋上开展行动。

曾协助埃塞克斯级航母舾装工作的杜鲁门·赫丁（Truman J. Hedding）海军上校回忆道：

我们非常熟悉飞行，也学习过许多关于战术的知识，但必须学习如何指挥更多的航母。我们意识到，航母不可能再去支援作战前线了。而是让舰队直接以航母为中心进行编队，战列舰和巡洋舰将主要用于航母防护。于是，我们编制了一个圆形队形……以一到两艘航母为中心，外圈同心圆是交替编队的战列舰和巡洋舰，以便为航母提供足够的防空火力。再外圈是一层驱逐舰……它们不仅提供防空保护，而且主要提供反潜防护。之后，我们不仅要指挥一支以两艘或三艘航母为核心打造的特混大队，还要指挥两支、三支或四支特混大队。这将是一种威力强大的组织形式，是一支快速航母的舰队。

"RIGHT HERE IS WHERE VICTORY STARTS!"

RIGHT HERE IS WHERE VICTORY STARTS!

When we at Pontiac Motor Division undertook production of Aircraft Torpedoes, we knew and fully appreciated the manufacturing trials and problems involved. And, we were able to subscribe fully to the words of a high ranking Navy officer who described the Aircraft Torpedo as "the deadliest weapon of the sea, and *the most difficult to make* . . ."

But we fully understood, too, the terrible urgency with which this weapon was needed by our Navy!

That is why Pontiac craftsmen hurled themselves into the job. That is why they responded so willingly to factory bulletin board messages such as the one reproduced above. And that is why, in due time, sleek, slippery and deadly Aircraft Torpedoes began emerging . . . began rolling from our production line.

Yes, Pontiac workmen know that "Right Here Is Where Victory Starts!"—right here where the weapons of war are being built. But they know *it is only a start!* Our task is simply to build fast and build well, so that courageous men on the firing fronts will have the necessary tools *in volume* and *on time* to *finish the job.* To them goes full credit for the final and glorious Victory ahead!

Every Sunday Afternoon . . . GENERAL MOTORS SYMPHONY OF THE AIR—NBC Network

PONTIAC DIVISION OF GENERAL MOTORS

Oerlikon 20-mm. Anti-Aircraft Cannon

Aircraft Torpedoes for the Navy

40-mm. Automatic Field Guns

Diesel Engine Parts

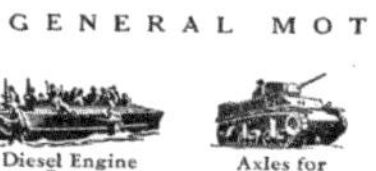

Axles for M-5 Tanks

Engine Parts for Army Trucks

BUY WAR BONDS AND STAMPS

Keep America Free!

美国密歇根州庞蒂亚克市

美国海军官方照片

胜利将从这里开始!

当我们通用公司的庞蒂克分公司承担生产机载鱼雷的任务时，我们非常了解并且重视生产过程中的测试及出现的问题。而且，一位海军高级军官认为，飞机挂载的鱼雷是“海上杀伤力最强、也是最难制造的武器……”我们完全同意他的观点。

但我们也非常清楚，我们的海军非常迫切地急需这种武器!

所以，庞蒂克分公司的工人们才会夜以继日地工作。所以，他们才会如此主动地回应上方红字这种工厂公示牌上的消息。所以，这些外表光滑、线条流畅、致敌死命的机载鱼雷才会及时地被设计出来，装载至飞机。

是的。庞蒂克分公司的工人们知道，“胜利将从这里开始! ”就在这里，制造作战武器的这里。但是，他们也知道这仅仅是开始! 我们的任务是快速制造优质鱼雷，这样前线的将士们才能及时获得足够的武器去完成他们的任务。祝他们最终夺取光荣胜利!

每周日下午出版，通用汽车公司

《空中交响曲》——NBC 新闻网

通用汽车公司庞蒂克分公司

20 毫米 欧瑞康防空火炮	海军 机载鱼雷	40 毫米 自动野战炮	柴油发动机 部件	M-5 坦克 轮轴	陆军卡车 发动机部件

请购买战争债券

还有印花税

捍卫美国自由!

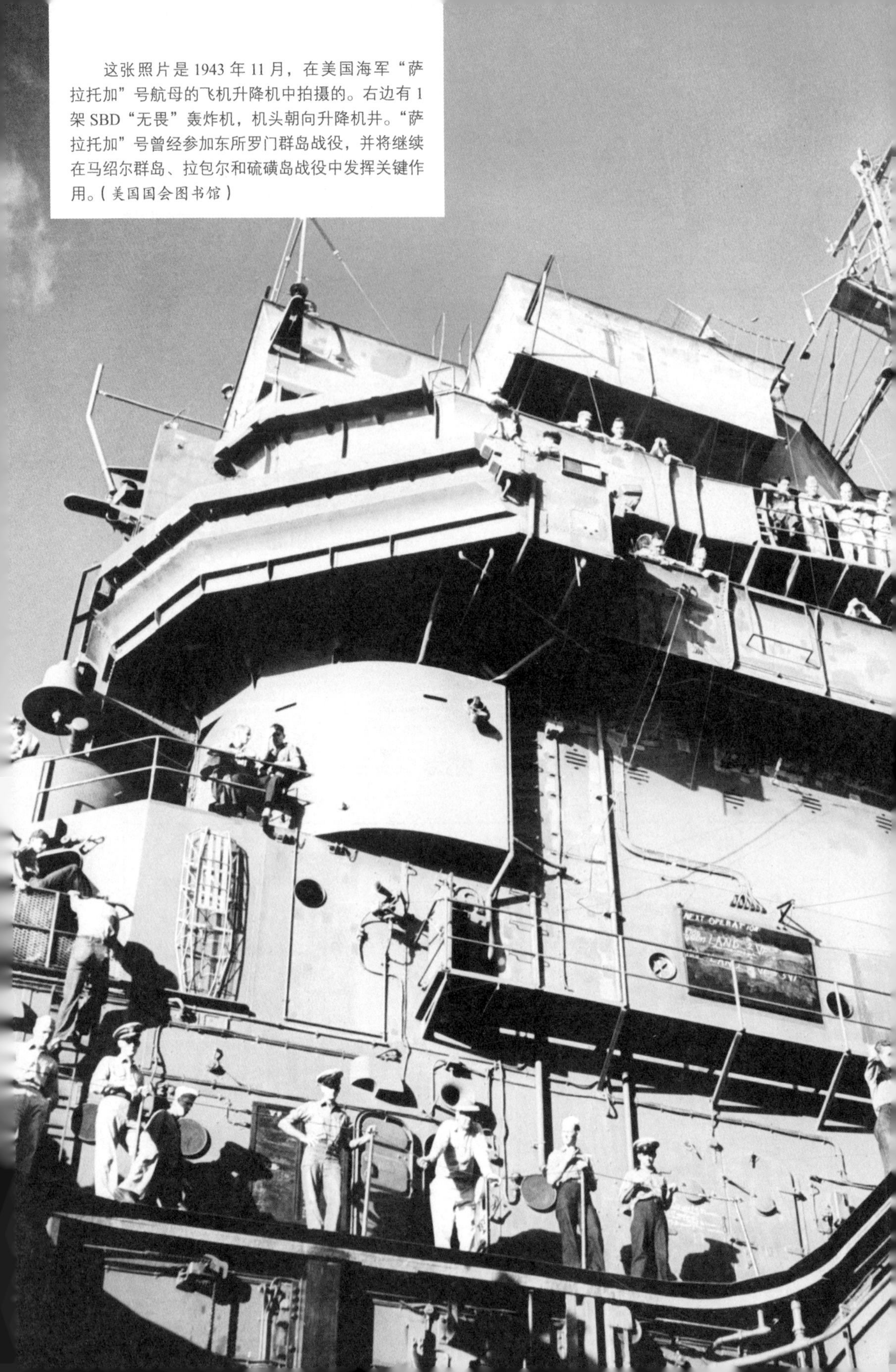

这张照片是1943年11月，在美国海军“萨拉托加”号航母的飞机升降机中拍摄的。右边有1架SBD“无畏”轰炸机，机头朝向升降机井。“萨拉托加”号曾经参加东所罗门群岛战役，并将继续在马绍尔群岛、拉包尔和硫磺岛战役中发挥关键作用。（美国国会图书馆）

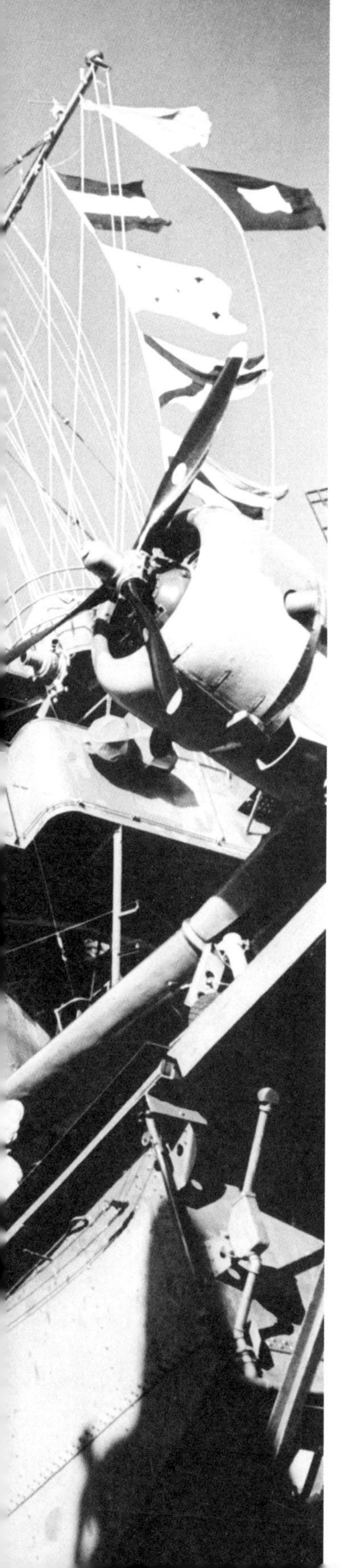

提出快速航母特遣舰队概念的海军军官研究小组，也为空中作战行动制定战术，当时他们考虑的是航母必须正确就位，以便能够迎风起飞，回收执行空中打击、战斗空中巡逻及反潜巡逻等任务的飞机。最后他们制定了两套方案，分别命名为“阿尔伯”（Able）和“贝克”（Baker）。前者允许航母独自转向逆风，后者便于整支编队转向逆风。

另外，他们还制定了海上燃油补给的详细流程，有些类似飞机编队飞行时的情形，即油船保持不动，准备补给燃油的各舰依次通过。随着快速航母入役，这种战争时期作战与后勤编队方面的设计，其复杂性呈指数级增长。不过，整个流程仍然是可行的，几乎没有发生过事故。

尽管二战期间多次遭到日军空袭，但快速航母及其护航编队仍有能力释放压倒性的航空力量。一支拥有航母的战时特遣舰队，所部作战飞机的数量有时可以接近1000架。美国海军陆战队和陆军在太平洋热带岛屿和环礁实施两栖登陆，采用“蛙跳战术”，逐个夺回被日军占领的岛屿。与此同时，美国和同盟国海军的军舰开始摧毁日本帝国海军的战斗力，重点首先是破坏其航母的航空力量，其次是破坏其水面舰艇和潜艇发动战争的能力。

美国海军第 38 特遣舰队第 3 分队在菲律宾与日本的海军和地面部队作战后，列队航行，抵达加罗林群岛乌利提环礁锚地。照片中可看到独立级航母“兰利”号，埃塞克斯级航母“提康德罗加”号，战列舰“北卡罗莱纳”号和“南达科他”号，巡洋舰“圣达菲”号、“比洛克西”号、“墨比尔”号和“奥克兰”号。（美国国家档案馆）

菲律宾海海战是世界海战史上规模最大的航母对决战，发生于1944年春，当时美军正在进行占领马里亚纳群岛的军事行动。斯普鲁恩斯海军上将所部第58特遣舰队分成5支特遣分队，共7艘舰队航母、8艘轻型航母、7艘战列舰、8艘重型巡洋舰、13艘轻型巡洋舰、58艘驱逐舰及956架航母舰载机，与之对决的是小泽治三郎海军中将所部日本机动舰队，共3艘大型航母、4艘轻型航母、5艘战列舰、13艘重型巡洋舰、6艘轻型航母和27艘驱逐舰。日军调集了航母舰载机和陆基飞机，共计大约750架。

起初，下达给斯普鲁恩斯的任务有两项，一是掩护占领塞班岛的陆上军事行动，二是择机击毁日军航母。然而，日军率先发现了美军航母。1944年6月19日，菲律宾海海战正式打响。日军多次从关岛陆上基地和航母上发动空袭，均被美军战斗机拦截并击溃，1943年加入舰队的格鲁曼F6F“地狱猫”战斗机的表现尤其出色。白天的空战呈现一边倒的局面，被美军飞行员戏称为“马里亚纳猎火鸡大赛”。

当天，日军损失350架飞机，而仅有1枚炸弹击中美军“南达科他”号，30架美军飞机被击落或因操作故障坠毁。

当时，小泽治三郎海军中将乘坐“大凤”号航母指挥战斗。这是此次日军舰队中体积最大且型号最新的航母，排水量3.025万吨，长855英尺（约260米），飞行甲板刚过843英尺（约257米），最高航速超过33节（约61千米/小时），8台舰本锅炉为4台蒸汽涡轮机提供蒸汽动力，功率16万轴马力，编制舰载机65架。“大凤”号于1939年开始订购，由位于神户的川崎重工造船厂建造，1944年3月7日入役，是根据日本“修订版舰队补充计划”建造的第一艘航母。该项计划于1942年获批，但最终未能实现。“大凤”号是基于早先的“翔鹤”号设计的。日本

强悍的“地狱猫”

1944 年 6 月 19 日，菲律宾海海战中，美国海军中尉亚历山大·弗拉丘（Alexander Vraciu）驾驶格鲁曼 F6F“地狱猫”战斗机，从轻型航母“独立”号甲板上起飞，短短 8 分钟内便击落 6 架日军俯冲轰炸机。降落在航母上之后，弗拉丘微微一笑，伸出 6 根手指，示意击落的敌机数量。

这位 25 岁的王牌飞行员因为作战英勇，被授予“海军十字勋章”和“杰出飞行十字勋章”，战争结束时他一共击落 19 架敌机。他曾对自己驾驶的“地狱猫”战斗机做出如此评论：“格鲁曼公司的这些战斗机实在太漂亮了。如果还会做饭的话，我都想娶一个回家。”这番话道出了众多驾驶“地狱猫”在太平洋上空作战的飞行员的心声。

1943 年，“地狱猫”战斗机部署于太平洋，替换早期的 F4F“野猫”战斗机。虽然自 1938 年起，在位于纽约贝瑟特的格鲁曼实验室里，绘图板上就已出现了“地狱猫”的草稿，但其设计主要是基于与日军三菱 A6M 零式战斗机的实战经验分析。“野猫”战斗机是“地狱猫”的前辈，虽然性能也算不错，但在二战初期，一直统治着亚太天空的却是零式战斗机。

然而，“地狱猫”是可以击落零式战斗机的新一代美军战斗机，而且驾驶它们的也正是确实击落过零式战斗机的优秀飞行员。F6F 机身十分结实，自重超过 4.5 吨，配备 6 挺 0.5 英寸（约 13 毫米）机枪，动力来自 1 台 2000 马力的普惠 R–2800 双黄蜂发动机。尽管沃特 F4U“海盗”战斗机的飞行员对自己的座驾也是赞不绝口，但“地狱猫”的飞行速度高达每小时 380 英里（约 612 千米），加装副油箱后最大航程为 944 英里（约 1519 千米），无可争议地成为二战期间最强大的航母舰载机。

“地狱猫”在太平洋上空的出现，毫无悬念地扭转了空战局势，使得形势朝着有利于盟军的方向发展。二战期间，共有 307 位驾驶“地狱猫”的飞行员成为王牌飞行员。“地狱猫”飞行员对日机的击落率居然达到了令人震惊的 19:1，一共击落了大约 5200 架敌机。

2 架格鲁曼 F6F“地狱猫”战斗机位于空中编队的两侧，1 架柯蒂斯 SB2C“地狱俯冲者”俯冲轰炸机和 1 架格鲁曼 TBF“复仇者”鱼雷轰炸机居中。“地狱猫”是威力强大的战斗机，装备有 6 挺 0.5 英寸（约 13 毫米）机枪，专门用来对抗二战初期，主宰太平洋上空、机动灵活的日军三菱 A6M 零式战斗机。（美国国家档案馆）

戴维·麦坎贝尔海军中校是美国海军历史上级别最高的王牌飞行员，共击落了 34 架敌机。在美军“埃塞克斯”号航母上，他坐在格鲁曼 F6F“地狱猫”战斗机驾驶舱中，面带笑容。拍照当时，从机身所画“旭日旗”的数量可以看出，麦坎贝尔已经击落了 30 架敌机。在“马里亚纳猎火鸡大赛”中，他击落了 5 架日军轰炸机，完成“单日王牌”的壮举（他曾两次获此殊荣）。麦坎贝尔因战功卓著，获“荣誉勋章”、“海军十字勋章”和“银星奖章”，退役前升至海军上校。他于 1996 年去世，享年 86 岁。（美国国家档案馆）

还另外订购了4艘航母，但一直没有建造。日本原计划以“飞龙”号设计为基础建造15艘航母，但只有3艘完工。“大凤”号是日军第一艘对飞行甲板进行装甲防护的航母，设计初衷是能够抵御鱼雷或炸弹的多重打击进而继续作战。

6月19日清晨，美国海军潜艇“大青花鱼”号（*Albacore*）发现了“大凤”号。当时“大凤”号正在执行当天的空袭任务，等它释放完第二波42架飞机后，这艘美军潜艇便向其发射了6枚鱼雷，但其中4枚偏离航向。一名刚从航母起飞的日机飞行员驾驶着飞机俯冲直下，撞向第5枚鱼雷，勇敢地牺牲了自己。

但是，第6枚鱼雷直接命中目标，将“大凤”号右舷炸出一个洞，并将2个大型航空燃油罐炸裂。虽然“大凤”号一度看似无恙，但因舰员的损管措施不力，最终沉没。下午过半时，为清除航空燃油泄漏产生的烟雾，一名下级军官打开通风系统，致使危险油气弥漫至整艘航母。此时，发电机产生的火星引发了一系列灾难性爆炸。这艘航母短短3个月的服役生涯宣告结束。在2150名舰员中，有1650人随之沉入太平洋海底。

6月19日，大约中午时分，美国海军潜艇“竹荚鱼”号（*Cavalla*）向苟延残喘的舰队航母“翔鹤”号发射了6枚鱼雷，其中3枚命中右舷，将舰上燃油罐炸裂，导致机库甲板上正换装武器和加装燃油的飞机爆炸。爆炸令“翔鹤”号迅速沉没，大约1300名舰员和飞行员因此丧生。

6月20日，斯普鲁恩斯连夜向西航行，内心十分焦虑。由于对战双方相隔汪洋大海，美军侦察机直到下午3时才发现日军。白天即将过去，虽然前一日遭到日军一整天的攻击，但斯普鲁恩斯部毫发无损，他决定执行

所奉命令中的第二项，对日军展开报复。下午晚些时候，他下令出动 240 架飞机，虽然后续攻击因天色将晚而被取消，但他并没有召回第一波执行打击任务的飞机。

就在夜幕降临之前，美军飞机发现了目标。4 架来自独立级轻型航母“贝劳伍德”号（*Belleau Wood*）的格鲁曼 TBF“复仇者”鱼雷轰炸机，投下数枚炸弹和鱼雷，命中排水量 2.377 万吨的“飞鹰”号。“飞鹰”号由远洋客轮改装而来，1942 年 7 月 31 日入役。傍晚，“飞鹰”号舰艉最先下沉，250 人丧生。3 年前参加偷袭珍珠港行动的军舰，如今剩下的只有“瑞鹤”号航母。它和“隼鹰”号及“千代田”号两艘轻型航母均被炸弹击伤。

美军飞机被日军防空炮火和战斗机击落了 20 架，其余飞机则在黑暗中恐惧着摸索前行，想要找到第 58 特遣舰队的所部航母。随着燃油耗尽，一些飞机只能在海上迫降或坠毁，仍有一些在夜间成功降落在自己所能找到的己方军舰甲板上。

为帮助飞行员降落，第 58 特遣舰队司令马克·米切尔海军中将英勇地下达了一道著名的命令：“打开灯光！”航母打开对空搜索灯，引导在漆黑夜空中摸索的飞行员着舰。当晚，美军一共损失了 80 架飞机。但在接下来的 48 小时，许多在海上迫降的飞行员和机组成员被从海中救起。

在菲律宾海海战中，一架日机在袭击美军护航航母“基昆湾”号时被防空炮火击中，带着黑烟和火焰，向海面急速坠落。（美国国家档案馆）

格鲁曼 TBF“复仇者”鱼雷轰炸机使用升降机升至飞行甲板，准备起飞。“复仇者”机组 3 人，1942 年进入美国海军服役，中途岛海战期间有些仍在服役。机上配备 0.5 英寸（约 13 毫米）机枪 1 挺，0.3 英寸（约 8 毫米）机枪 2 挺，用于防御敌机攻击。“复仇者”最高飞行速度每小时 275 英里（约 443 千米），航程 1000 英里（约 1609 千米）。（美国国家档案馆）

二战初，美国海军对过时的现役鱼雷轰炸机进行了重大改进，于是在 1942 年以后，格鲁曼 TBF“复仇者”轰炸机便成为前线主力机型。照片摄于当年 11 月，弗吉尼亚州诺福克海军航空站的“复仇者”飞机正在练习空投鱼雷。（美国国家档案馆）

None but the finest . . . with a Vengeance!

WHEN the pilot of this Vultee Vengeance goes upstairs, he's invading disputed territory—*hotly* disputed by Messerschmitts, Focke-Wulfs and hornet-y little Zeros. Naturally, he wants to be sure that everything about his ship is in perfect condition; the motor most of all. It must keep turning over. The success of his mission—his very life—depends on it.

All over the world in this war there are Allied fighting men whose lives depend on their motors. These vital motors need oil that will keep right on providing essential lubrication, in the longest pulls and in the hottest spots.

It is our good fortune that our planes enjoy the advantage of such oils. Neither by plunder nor by discovery in synthetics has the Axis been able to provide anything to equal the quality of these oils.

For there is only one place in all the world where the *best* crude oil is found—the Pennsylvania oil field. And, in Quaker State's four great modern refineries this oil is processed with skill and care to make the finest oils that money can buy—oils with that "Pennsylvania Plus."

In these war days especially, you'll find it pays to give the motor in your car the finest protective lubrication. Infrequent driving increases rather than lessens the need for such care. So drive in for Quaker State Motor Oil and Quaker State Superfine Lubricants wherever you see the green-and-white Quaker State service sign — Quaker State Oil Refining Corporation, Oil City, Pennsylvania.

QUAKER STATE MOTOR OIL

OIL IS AMMUNITION—USE IT WISELY

无以伦比……复仇首选！

当飞行员驾驶这架伏尔提“复仇”飞机升空时，他也进入了一个各方竞争的领域。在这里，德国梅塞施米特公司的战机、福克沃尔夫公司的战机和体型较小的“零”式战机正在殊死搏斗。无疑，飞行员希望自己所在航母保持最佳状态，尤其发动机是最为重要的——它必须能够正常运转。他的任务能否成功，甚至他自己的生命，都依赖于此。

这场战争中，在世界各地战斗着的盟军将士的生命，全都依赖于自己脚下平台的发动机。在最远距离的行军和最激烈的战斗中，发动机都是至关重要，而它也需要机油来提供必要的润滑。

我们的飞机机油质量极高，这是我们的幸运。轴心国无法提供同等质量的机油，除非他们四处劫掠，或是在人工合成领域有所创新。因为全世界只有一个地方发现了最好的原油，那就是宾夕法尼亚油田。而且，贵格州（Quaker State，即宾夕法尼亚州）的四大现代炼油厂，凭借高超的技术和强烈的责任心，提炼出了世上能够买到的最好的机油。

尤其是在战争年代，你会发现，如果汽车使用了最好的保护性润滑油，必将物有所值。不常开的车辆更需要这种机油。只要看到绿白相间的服务牌，那就是贵格机油，请直接开车进去，购买贵格机油和特级润滑油。

——宾夕法尼亚州石油城桂冠达炼油厂

贵格机油

OIL IS AMMUNITION - USE IT WISELY

机油就是弹药——智者的选择

1943年11月，美军对日军位于所罗门群岛拉包尔的前沿基地发动空袭。此战之后，“萨拉托加”号航母舰员将受伤的海军飞行员肯尼思·布拉顿（Kenneth Bratton）从格鲁曼TBF“复仇者”轰炸机的炮塔上抬了下来。（美国国家档案馆）

在菲律宾海海战中，马克·米切尔海军中将站在美国海军“列克星敦”号舰桥上，凝视前方。米切尔曾是一名飞行员，1910 年毕业于美国海军学院，在二战太平洋战场上，他负责快速航母特遣舰队的作战指挥，率领舰队击败日军。威廉·“公牛”·哈尔西海军上将和雷蒙德·斯普鲁恩斯海军上将轮流担任总指挥。大部分的快速航母作战原则便是由米切尔牵头制定的。（美国国家档案馆）

米切尔当时冒着极大风险，因为如果附近有日军潜艇，航母就会被发现。但他的决定无疑拯救了众多飞行员的生命，因此也赢得了第 58 特遣舰队飞行员的爱戴。

回顾菲律宾海海战，斯普鲁恩斯无疑有些过于谨慎。一些海军人员对其没有给日军航母以致命打击极其不满，要求将其撤换。不过，斯普鲁恩斯是中途岛海战的英雄，而且太平洋舰队司令切斯特·尼米兹和海军作战部长欧内斯特·金（Ernest J. King）等上级都支持他。日军已经损失了 3 艘航母，以及 600 多架航母舰载机和陆基飞机，其空中力量已被彻底瓦解。

1944 年 1 月，美国海军护航航母正在航行。这张照片摄于“马尼拉湾”号舰艉，从近至远依次是“珊瑚海”号、“科雷吉尔多”号、“纳托马湾”号和“拿骚”号。（美国国家档案馆）

在二战最初的几个月里，为响应对航母的迫切需求，埃塞克斯级舰队航母的建造工作开始加快速度。除这些舰队航母外，在建航母还有多艘独立级轻型航母，以及其他级别的小型护航航母，它们将承担美国海军在大西洋和太平洋的作战任务。

以克利夫兰级轻型巡洋舰的舰体为基础，美国共建造了 9 艘独立级航母。它们的排水量为 1.1 万吨，每艘搭载 40 余架飞机，于 1943 年 1 至 11 月间完工。这些独立级航母长 622 英尺（约 190 米），宽 109 英尺（约 33 米），动力由锅炉和涡轮机提供，功率 10 万轴马力，最高航速 32 节（59 千米 / 小时）。由于它们是以轻型巡洋舰舰体为基础紧急改装的，性能方面并不理想，经常在远洋抛锚，而且即使是经验丰富的飞行员，在这些舰体的甲板上起降也是极为困难的。

建造这些护航航母的目的，是为商船护航部队提供空中掩护，为在大西洋巡逻、搜索并打击德国潜艇的“猎手”部队提供掩护。让它们保护船队，经常可以达到扭转战局的效果。它们还可为两栖登陆作战提供空中掩护，为太平洋战场的地面部队提供直接支援。美国人亲切地称之为“吉普航母”（jeep carriers）或“小航母”（baby flattops），英国皇家海军舰员则称之为“伍尔沃斯便利店航母”[1]。它们在反潜作战中的表现也很出色。二战期间，美国各造船厂共建造了120艘护航航母，其中数量最多的就是卡萨布兰卡级和博格级。

博格级护航航母排水量9800吨，1942年入役，可搭载24架飞机。它长495英尺（约151米），宽69英尺（约21米），最高航速18节（约33千米/小时），一共下水45艘，其中34艘在被重新设计为攻击者级和统治者级航母后进入英国皇家海军服役。

舰体较小的卡萨布兰卡级护航航母于1943年入役，是在造船业巨头亨利·凯泽（Henry Kaiser）的建议下建造的。凯泽是战时大量建造的“自由轮”和“胜利轮”等货船之父。卡萨布兰卡级航母以商用船体为基础进行改装，可搭载27架飞机，排水量7800吨，长512英尺（约156米），宽65英尺（约20米），最高航速18节（约33千米/小时）。它一共完工5艘，均进入美国海军服役。

1944年10月，道格拉斯·麦克阿瑟（Douglas MacArthur）陆军上将兑现了重返菲律宾的承诺。美军士兵占领了菲律宾莱特岛海滩，美国海军也再次整装待发。在菲律宾海海战胜利4个月之后，第38特遣舰队在哈尔西的指挥下向海上进发。

从 1943 年美国海军训练影片的画面中，我们可以大致了解二战时期航母上的工作情况和危险程度。左上图中，一名飞行甲板军官发出信号，示意飞机做好出动准备；右上图中，穿着绿色外套的舰员正在检查拦阻索；左下图中，油料员正在给刚刚降落的飞机加注燃油；右下图中，身穿石棉服的舰员准备随时营救坠机的飞行员。（美国国家档案馆）

1945 年 4 月，美国海军护航航母“桑提”号上，被挡住一半的“禁止吸烟”标志似乎是个很好的建议，因为火箭弹和炸弹正在舰上等待被装上飞机，好去参加在冲绳、石垣和坂町开展的作战任务。“桑提”号于 1939 年下水，当时还是一艘商业油船，后被美国海军收购，于 1942 年改装为航母。（美国国家档案馆）

1944 年 7 月，美国海军“约克城”号航母上空，一架 SB2C“地狱俯冲者”俯冲轰炸机正在盘旋，准备降落。“约克城”号等埃塞克斯级航母的编制舰载机为 72 架，这架“地狱俯冲者”就是其中之一。（美国海军）

If you're a manufacturer, and would like 25" x 38" enlargements of this page, for posting in your plant, with all space below illustration left blank for your own message: write Aluminum Company of America, 1999 Gulf Bldg., Pittsburgh, Pa.

So much of that *Wildcat* . . . ninety percent anyway . . . went through our hands, it seems like we were standing right there beside you. We had our hands on her wings first when they were just dirt in the ground. We dug and we smelted; we rolled and we forged. And we're working three shifts a day, eight days a week to turn the shining metal over to the plane and engine builders, quick. Mister, this one outfit of ours is making aluminum for your planes faster right now than any one whole country ever made it before. And you haven't heard the half of what we've got under way. Give her the flag, Mister. We're making aluminum like nobody's business.

The men and women of **ALCOA ALUMINUM**

先生，旗子交给我们就对了

这么多的“野猫”战斗机，至少90%都是出自我们之手，就好像我们正站在您的身边一样。她们降生凡尘之际，我们的双手就在她们的双翼之上工作。我们锤打，我们冶炼，我们延展，我们锻造。我们一天三班倒，一周八天，将闪闪发光的金属交给飞机和发动机制造商。先生，我们手头设备可以为您的飞机生产铝材，全国上下没有公司可以快过我们。而且你一定不知道，这才只是我们一半的生产能力。先生，把旗子交给她吧。我们生产铝材的能力无人能比。

美国铝公司员工

1944 年 5 月，刚服役 2 个月的卡萨布兰卡级护航航母“希普利湾”号锚泊在马绍尔群岛的马加罗环礁，涂装尚未清除。卡萨布兰卡级航母是二战期间服役数量最多的航母型号，1942 至 1944 年间共入役 50 艘。与大型舰队航母相比，护航航母航速较慢，武器较轻，装甲较少，但建造速度更快，数量也更多。（美国海军）

1945 年 2 月，护航航母“博格”号锚泊在百慕大群岛附近。被称为“吉普航母”的博格级航母，排水量 9800 吨，可最多搭载 24 架飞机。该级航母可以作为护航军舰提供反潜力量，也可以在太平洋两栖登陆行动中提供空中掩护和兵力输送支援。二战期间，美国海军共建造 120 艘护航航母，其中大多数都是博格级和卡萨布兰卡级。（美国国家海军航空博物馆 /1996.253.7171.001 号 / 罗伯特 · 劳森拍摄）

太平洋战争发展到这个阶段时，美国工业实力已经远超日本，哈尔西麾下核心力量是 8 艘舰队航母和 8 艘轻型航母，托马斯·金凯德（Thomas C. Kinkaid）海军中将指挥的第 7 舰队也有 18 艘护航航母，可为莱特岛登陆作战提供掩护。游弋于这两支舰队之间的护航舰队，是由 12 艘战列舰、24 艘重型和轻型巡洋舰，以及几十艘驱逐舰组成的。

日军制订了应急计划，企图阻止美军进攻菲律宾。其中，涉及菲律宾的计划被命名为“捷一号”，由小泽治三郎海军中将率领 1 支航母舰队和 2 支水面舰队负责执行。因舰载机极少，且飞行员几乎没有实战经验，小泽治三郎的航母部队几乎无法对莱特岛登陆构成实质性威胁。不过，因为美国海军的首要任务仍是击毁日军航母，所以日军希望它们可以成为有效诱饵，吸引哈尔西离开掩护莱特岛的海上阵地。对小泽计划有利的是，哈尔西性格好斗，急于求战。

1944 年 10 月 25 日，莱特湾海战中，美国海军“埃塞克斯”号的第 15 航母舰载机大队的飞机，直接投弹命中日军“伊势”号战列舰。莱特湾海战实际上是指美国海军在进攻莱特岛时，在菲律宾周边实施的一系列战斗。威廉·哈尔西因在此战中命令手下的快速战列舰和舰队航母一路向北，追击引开他们的日军诱饵舰队而受到批评。（美国国家档案馆）

如果小泽的北路舰队能够运用所部舰队航母及快速战列舰，成功地将第38特遣舰队从莱特岛引开，日军2支强大的水面舰队就可以攻击莱特岛沿海的美军运输船只，从而破坏美军的两栖作战行动，对美军在太平洋的进攻时间表造成极大的破坏。日军水面舰队分别由志摩清英海军中将和西村祥治海军中将指挥，由老旧的战列舰和巡洋舰组成，编为南路舰队，穿过苏里高海峡，向莱特岛进发。

莱特湾海战期间，1艘日军航母被炸弹包围，至少有1枚美国海军“埃塞克斯”号所部第15航母舰载机大队飞机投掷的炸弹直接命中了它。虽然威廉·哈尔西所部快速航母的舰载机对小泽治三郎海军中将所部诱饵舰队给予了沉重打击，但却使莱特岛海滩周边的登陆区与补给区暴露于危险之中。（美国国家档案馆）

日军中路舰队由栗田健男海军中将指挥，行经圣贝纳迪诺海峡，向莱特岛进发。栗田所部为大型战列舰“大和”号和“武藏”号（历史上吨位最大的战列舰，配备 18 英寸 [约 457 毫米] 舰炮）、3 艘小型战列舰、10 艘重型巡洋舰、2 艘轻型巡洋舰和 15 艘驱逐舰。日军一名参谋军官曾经扬言，如果“捷一号”计划成功，栗田将像“老鹰抓小鸡”一样，肆意蹂躏莱特岛沿海毫无防御之力的美军运输舰船。

1944 年 10 月 23 至 26 日，莱特湾海战打响。这场战役可被视为 4 场独立的海战。可是如果视作一体，那就是历史上规模最大的一次海战，美军虽获胜，但也与遭受过灾难无异。10 月 23 日夜，栗田的中路舰队遭美军潜艇攻击，2 艘巡洋舰沉没，还有 1 艘受损。栗田继续向前推进。次日，美军舰队航母“埃塞克斯”号、“无畏”号（*Intrepid*）、“列克星敦”号、“富兰克林”号、服役多年的“企业”号及轻型航母“卡伯特”号（*Cabot*）释放舰载机，对“武藏”号持续实施空中打击。在至少被 17 枚炸弹和 19 枚鱼雷命中后，“武藏”号最终最终被击沉。

美军航母舰载机攻击日本中路舰队的同时，也遭遇了 3 波来自菲律宾吕宋岛的日军陆基轰炸机的攻击，它们的目标正是位于莱特岛附近的美军航母。“地狱猫”战斗机飞行员击落了许多来犯敌机，但上午 9 时 30 分刚过，一架日军横须贺 D4Y3“朱迪”俯冲轰炸机躲过重重拦截，向“普林斯顿”号轻型航母投下 1 枚 551 磅的炸弹，穿透了 2 座升降机中间的飞行甲板。该航母一度看似无碍，但内部爆炸使其遭到毁灭性破坏。最终，美军一艘巡洋舰发射鱼雷将其击沉。“普林斯顿”号是二战期间美国唯一一艘在作战中损失的独立级航母。

10 月 24 日下午晚些时候，美军侦察机终于发现了小泽的北路舰队。哈尔西误以为这是因当天早些时候遭空中打击后，正在撤退的栗田的中路舰队，于是急忙下令向北前进，朝着恩加尼奥角方向追击。一系列通信故障导致哈尔西所部重型军舰离开掩护莱特岛的阵地，此举正中日军下怀。留守的是第 77 特遣舰队第 4 分队的护航航母、驱逐舰及护舰驱逐舰。它们分为 3 个独立的作战单位，被称为“泰菲 1 队”“泰菲 2 队”“泰菲 3 队”，由克利夫顿 · 斯普雷格（Clifton A. F. Sprague）海军上将指挥。

与哈尔西所以为的刚好相反，栗田继续向莱特岛滩头阵地进发。10 月 25 日下午 3 时，他指挥剩余的战列舰和巡洋舰穿过圣贝纳迪诺海峡，出现在莱特岛附近。很快，日军就在萨马岛附近遇到了斯普雷格指挥的，没有任何装甲防护的“小航母”和小型护航军舰。

萨马岛战役打响了。这是海战历史上一次著名的以弱胜强的战役。栗田的军舰发射重型炮弹，有的炮弹穿透护航航母的外壳，但没有爆炸。美军航母释放为数不多的可用舰载机，对日军大型舰船进行了低空扫射，并投掷了炸弹和鱼雷，但有些也没有爆炸。英勇的驱逐舰和护航驱逐舰冲上去保卫航母。在这场实力悬殊的战斗中，大口径炮弹猛烈轰击着护航航母“甘比尔湾”号（*Gambier Bay*），导致驱逐舰“约翰斯顿”号（*Johnston*）和“霍埃尔”号（*Hoel*）及护航驱逐舰“塞缪尔 · 罗伯茨”号（*Samuel Roberts*）一同沉没。驱逐舰“希尔曼”号（*Heermann*）虽然没有沉没，但也遭到重创。

美军在萨马岛沿海的激烈抵抗，让栗田高估了自己面前舰队的实力，甚至以为这有可能是哈尔西所部舰队航母和战列舰。这一判断使得本是胜券在握的这位日本海军中将下令撤退。当日军舰队转向撤退时，一名美军舰员大叫：“该死的！他们跑了！”“泰菲”舰队奇迹般地守住了防线。

10月25日，在恩加尼奥角战役中，哈尔西所部航母舰载机攻击小泽的诱饵舰队，终于得以对曾经参加偷袭珍珠港行动的“瑞鹤”号航母实施报复，还击沉了轻型航母“千岁”号和“瑞凤”号。但就在同一天，美军护航航母“圣罗”号被击沉，罪魁祸首是一种令人恐惧的新式武器：“神风特攻队”的自杀式战斗机。然而这只是一个开始，在接下来的几个月里，“神风特攻队”策划了许多这样的行动。

莱特湾海战期间，栗田健男海军中将奉命指挥强大的日军中路舰队。虽然日军计划取得成功，将威廉·哈尔西海军上将的第3舰队所部战列舰与航母引向北方，但在1944年10月25日萨马岛战役期间，美军小型驱逐舰、护航驱逐舰及护航航母激烈抵抗，导致栗田怯敌畏战。栗田决定撤退，不再继续轰炸菲律宾莱特岛的登陆海滩及补给船只。栗田死于1977年，时年88岁。（美国国家档案馆）

一架日军“神风特攻队”的自杀式飞机被附近一艘美国海军军舰的防空炮火击中，随后侧向翻转，险些错失本身要攻击的目标——美国海军护航航母“桑加蒙”号（*Sangamon*）。在太平洋战争中，正是在莱特湾海战期间，美国海军第一次遭到了“神风特攻队”的攻击。（美国国家档案馆）

右图：这张照片拍摄到“瑞鹤”号沉没前的最后一刻。该艘航母已经严重倾斜，舰员向其敬礼示意。当时，在参加过1941年偷袭珍珠港行动的日军航母中，“瑞鹤”号是最后一艘尚未沉没的航母。（美国国家海军航空博物馆/1996.488.258.009号/罗伯特·劳森拍摄）

下图：这是日军轻型航母“瑞凤”号，飞行甲板上的涂装非常精致。1944年10月25日，在莱特湾海战的恩加尼奥角战役中，它遭受美国海军“企业”号舰载机的攻击，正在机动转弯。轻型航母“瑞凤”号和“千岁”号以及最后一艘曾经参加偷袭珍珠港行动的舰队航母“瑞鹤”号，均在此役中被击沉。（美国国家档案馆）

右图：在莱特湾海战的苏里高海峡战役期间，志摩清英海军中将指挥的小型特遣舰队遭到毁灭性打击，美军大获全胜。1944 年 10 月 24 至 25 日的那个夜晚，杰西·奥尔登多夫海军上将指挥战列舰和其他舰船封锁了海峡，击毁了来袭的日军舰船。志摩清英溃败后率部逃出生天。他死于 1973 年，时年 83 岁。（美国国家档案馆）

下图：1944 年底，在菲律宾莱特岛附近水域，一艘日本军舰遭到美军航母舰载机攻击，舰艉受损下沉，在海面上蹒跚前行。二战期间，美军在莱特湾海战中获胜，事实上摧毁了日本帝国海军仅存的进攻力量。（美国国家档案馆）

10月25日夜，在苏里高海峡战役期间，杰西·奥尔登多夫（Jesse Oldendorf）海军上将指挥一支由6艘战列舰组成的美军特遣舰队，对日本南路军部队实施了毁灭性打击。其中，“西弗吉尼亚”号、“田纳西”号、“加利福尼亚”号、“宾夕法尼亚”号和“马里兰”号等5艘战列舰，都曾在日军偷袭珍珠港时被击沉或被击伤，但如今已经修复，并接受了现代化改造。第6艘战列舰是“密西西比”号，它对敌军的重型水面舰船进行了历史上的最后一轮舰炮齐射。就这样，一个时代结束了。

尽管莱特湾海战成果辉煌，但哈尔西因为下令追击小泽而遭到严厉的批评，而且当时各舰或是没有接到命令，或是对命令有所误解，导致现场混乱不堪。这些命令原本可以挽回萨马岛沿海美军几近溃败的局面。哈尔西极力为自己的行为辩护，但收效甚微。

1944年10月30日，在菲律宾沿海，独立级航母“贝劳伍德”号遭到日军“神风特攻队”攻击，其自杀式飞机在停满飞机的飞行甲板上坠毁，甲板冒起滚滚浓烟。远处，美国海军舰队航母“富兰克林”号也遭到“神风特攻队”攻击，同样浓烟滚滚。（美国国家档案馆）

随着二战的进行，日本的工业实力受到严重阻碍。美军潜艇击沉了大量日本商船，而且从马里亚纳群岛基地对日军发起了猛烈空袭。尽管资源和原材料极度匮乏，但在1940年春，日本帝国海军仍然着手建造第3艘超级战列舰。然而，在中途岛海战中惨败并损失4艘航母之后，其中1艘被改装为新的超级航母。1944年10月8日，6.6万吨的“信浓”号下水，它可以搭载47架飞机，运送“樱花”火箭推进自杀式炸弹和“震洋”小型自杀艇。

“信浓”号的动力装置是锅炉和涡轮机，功率15万轴马力，预期最高航速27节（约50千米/小时），但多次海试从未达到过这项设计标准。1944年10月29日，在这艘巨型航母离开横须贺造船厂，前往吴港海军基地继续建造时，对其跟踪了几小时的美国潜艇“射水鱼”号（*Archerfish*）发射了6枚鱼雷，其中4枚命中航母右舷，致其多处漏水，舰体发生严重倾斜，而且它的损管小组毫无经验，表现极差。

在“射水鱼”号发动攻击8小时后，“信浓”号倾覆沉没。战后对此开展的分析显示，这艘航母的设计存在重大缺陷，尤其在防御鱼雷攻击方面更是如此。此外，航母舰员经验不足，过分自信，最终导致灾难发生。美军情报人员直到战后才确定“信浓”号的存在，导致当时“射水鱼”号艇长约瑟夫·恩赖特（Joseph F. Enright）海军中校报称击沉这艘巨舰时还遭到了质疑。确认后，恩赖特被授予“海军十字勋章”。

美军在太平洋战场上的稳步发展一直持续到1945年。3月，经过34天艰苦卓绝的战斗，战略要地硫磺岛落入美国海军陆战队手中。4月1日，既是复活节，又是愚人节，美军部队登陆冲绳岛。此时，美军距日本本土仅340英里（约547千米）。

1944年11月5日，防空炮火照亮天空，一名日本“神风特攻队”飞行员驾驶三菱A6M“零”式战斗机，携炸弹呼啸着向美国海军航母“列克星敦”号撞去。但不到半小时，它引起的大火便得到控制，航母继续进行空中作战。（美国国家档案馆）

1944年11月25日，美国海军航母“埃塞克斯”号甲板外缘遭到“神风特攻队”攻击，燃起大火，损失了几架准备升空作战的飞机，并有15人阵亡，44人受伤。这张照片摄于美国海军“提康德罗加”号的甲板上。（美国国家档案馆）

USS TICONDEROGA
IN MARE
IN CAELESTIS
GUARDIAN OF FREEDOM

USS HANCOCK
Liberty

在这张被称为“屠杀者列队”的照片中，美国海军太平洋战场的主力，也就是6艘埃塞克斯级航母锚泊在加罗林群岛乌利提环礁。从近至远依次是：“黄蜂”号、“约克城”号、“大黄蜂”号、“汉考克”号、“提康德罗加”号和“列克星敦”号。照片摄于“提康德罗加”号所部航空大队的飞机上，时间为1944年12月。（美国国家档案馆）

U.S.S. FRANKLIN CV-13
LEST WE FORGET!
921 K.I.A.
BIG BEN - The Ship that wouldn't die!
TENACITY • COURAGE • HONOR

争夺冲绳岛的战斗足足打了 83 天，是美国海军在太平洋航母作战中面临的最严峻的一次考验。陆地上的战斗异常激烈，海军必须坚守沿海，支援陆上作战。

绝望中，日军加大了“神风特攻队”的空中打击力度。日军第五航空舰队司令宇垣缠海军中将对美军舰船发动大规模自杀式袭击。此次袭击分了 10 个波次，向美军派出总计 4500 架自杀式飞机，致美军 29 艘军舰沉没，120 艘受损，被日军称为“菊水作战”。日方有 1500 名自杀式飞行员在行动中丧命，美国海军有 3048 人阵亡，6000 多人受伤。

日军还派遣超级战列舰“大和”号对美国海军实施自杀性袭击。4 月 7 日，美军航母舰载机如愤怒的蜜蜂一般，蜂拥扑至“大和”号上空。这些飞机来自 8 艘航母，即第 58 特遣舰队第 1 分队的舰队航母“大黄蜂”号、“本宁顿”号（*Bennington*）及轻型航母“贝劳伍德”号和“圣哈辛托”号（*San Jacinto*），第

1945 年 3 月 19 日，距日本海岸 45 英里（约 72 千米）处，美国海军的“富兰克林”号航母正在执行航空作战任务的时候，被一架日军飞机投下的 2 枚炸弹击中。炸弹命中时，舰上尚有 31 架飞机挂好武器并注满燃油，正准备起飞。这艘航母上的火势很猛，而且弹药也发生了爆炸。虽然二战期间没有埃塞克斯级航母被敌军击沉，但“富兰克林”号是受损最严重的。这张照片摄于美国海军“圣达菲”号甲板上。（美国国家档案馆）

这张照片摄于1945年春，当时美国海军的“埃塞克斯”号航母正在冲绳岛附近海域活动。埃塞克斯级航母是美国海军建造的第一批不受《华盛顿海军条约》限制的航母。这些舰队航母排水量为2.7万吨，在二战期间向太平洋的广袤海域四处投送空中力量。（美国国家档案馆）

58特遣舰队第3分队的舰队航母“埃塞克斯”号、“邦克山”号（*Bunker Hill*）、“汉考克”号（*Hancock*）及轻型航母“巴丹”号（*Bataan*）。从当天12时30分开始，这些舰载机持续对“大和”号进行轰炸，至少有12枚鱼雷和12枚炸弹命中目标。在巨大的爆炸中，“大和”号发生断裂，2小时后倾覆沉没。

美军派出了驱逐舰、护航驱逐舰及其他舰船，拉起一条用于早期预警的警戒线，但它们仍然遭到了宇垣缠“神风特攻队”雨点般的自杀式攻击，就连航母也未能幸免。5月11日清晨，战斗进入第58天，米切尔海军中将的旗舰埃塞克斯级航母“邦克山”号在第六次“菊水作战”中遭到攻击。大部分自杀式飞机被美军战斗机和防空炮火击落，但有2架三菱零式战斗机突破了美军防线。

上午10时刚过，日军的安则盛三海军中尉投下551磅的炸弹后，一头撞向“邦克山”号飞行甲板。甲板上停放着34架飞机，均已挂载炸弹并注满燃油。安则盛三的炸弹击穿柚木甲板，从舰体另一侧飞出，并在空中爆炸，飞机残骸则在甲板上急速冲撞并侧翻。片刻之后，22岁的日本海军少尉小川清也向航母投下炸弹，然后一头撞向航母舰岛附近的飞行甲板。

“邦克山”号瞬间变成人间地狱。米切尔损失一半舰员，他本人也几乎丧命。甲板下的待命室有30名飞行员，他们冲到隔壁走廊，但因附近大火将氧气耗尽而窒息身亡。他们尸体堆叠在一起的照片，成为二战中令人最为痛心的回忆之一。

美军极其全面的日常损管训练此刻发挥了作用，火势得到了控制，“邦克山”号仍可航行。于是在长途跋涉7000英里（约11265千米）后，“邦克山”号回到华盛顿州普吉特湾海军造船厂。航母上共有373人阵亡，另有263人受伤，43人失踪。

1945年春，美国海军一路推进，与日本本岛的距离已经极近，飞机若干分钟即可到达。3月19日，也就是冲绳岛登陆的12天前，埃塞克斯级航母“富兰克林”号等多艘航母对日军基地发动空中打击，目的是消灭敌机可能对冲绳岛登陆造成的一切威胁。

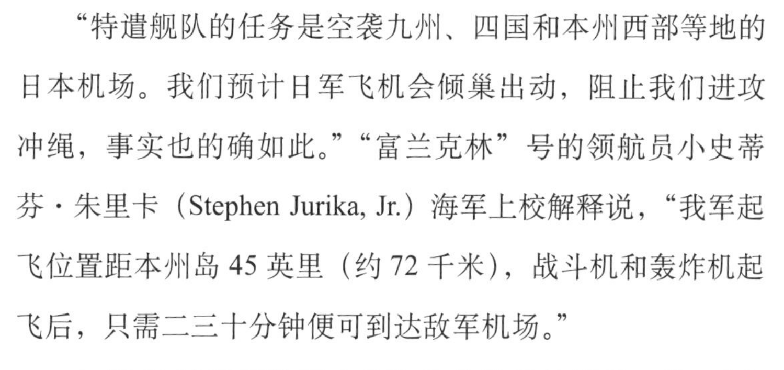

“特遣舰队的任务是空袭九州、四国和本州西部等地的日本机场。我们预计日军飞机会倾巢出动，阻止我们进攻冲绳，事实也的确如此。”“富兰克林”号的领航员小史蒂芬·朱里卡（Stephen Jurika, Jr.）海军上校解释说，“我军起飞位置距本州岛 45 英里（约 72 千米），战斗机和轰炸机起飞后，只需二三十分钟便可到达敌军机场。”

与第 58 特遣舰队第 2 分队其他航母的情况一样，“富兰克林”号飞行甲板上也停放着注满燃油、准备起飞的飞机。一些飞机挂载了绰号“小蒂姆”（Tiny Tim）的 11.75 英寸（约 298 毫米）火箭弹。它是一种相对较新的武器，专门用来打击水面目标。在该特遣舰队中，“富兰克林”号是唯一一艘配备火箭弹的航母。

“3 月 19 日清晨，我们的飞机正在起飞，所有升降机都在运转，飞行甲板军官们都全速为飞机起飞做准备。”朱里卡回忆说，“五六架飞机起飞后，一架日本飞机像航母轰炸机一样，穿过稀薄的云层径直朝‘富兰克林’号的甲板俯冲下来。”

这架形单影只、型号不明的敌机躲过了战斗空中巡逻。几秒之后，2 枚 551 磅的炸弹便朝航母呼啸而来。

在太平洋上的激烈战斗中，一名美军航母舰员正操纵着 40 毫米舰炮与目标交火。从他的面部表情可以看出，他的作战压力极大。40 毫米博福斯防空高炮是二战期间同类现役武器中的佼佼者。它最初被设计为单管式舰炮，后被改为双联装，作战效果极好。（美国国家档案馆）

U. S. AIRCRAFT CARRIERS not only carry *more* gasoline than any service station ashore, but they also carry *better* gasoline.

Every drop of gasoline used by our fighting carrier planes is the highest octane fuel made by oil companies in America. All of these companies use Ethyl fluid to improve their aviation gasoline.

Since the Army and Navy must have millions of gallons of this 100 octane fuel, government agencies have had to place limits on the quantity and quality of gasoline for civilian use. But—when the fighting is over you'll get better gasoline than ever before.

ETHYL CORPORATION
Chrysler Building
New York 17, N. Y.

美国海军航母装载的汽油，不但数量比陆上任何一座加油站都要多，而且质量也更好。

我们航母舰载机使用的每一滴汽油，都是美国石油公司提炼的最好的辛烷燃料。所有这些公司使用的都是美国乙基公司生产的乙基液来提高航空燃油品质。

由于陆军和海军需要使用几百万加仑的 100 号辛烷，政府机构只能限制民用汽油的数量和质量。不过战争结束后，你们就能够用上更好的汽油了。

美国乙基公司
克莱斯勒大厦
纽约州纽约市 17 号

这张照片摄于美国海军埃塞克斯级航母“黄蜂”号上。画面中，一架日军飞机被舰队航母“邦克山”号的防空炮火击中，而轻型航母“卡伯特”号正驶入太平洋。1943 年年底，“神风特攻队”的自杀式飞机开始袭击美国海军舰船，致使众多舰船沉没，对美军造成重大损失。（美国国家档案馆）

“我从眼角余光中瞥到了这一幕。”朱里卡写道，“这架飞机投下 2 枚炸弹，落到前置升降机的前方。下方瞬间发生巨大的爆炸，升降机倾斜着升了上来，然后又顺着升降口落了回去。停在升降机后面准备起飞的飞机露了出来，它们的发动机已经启动，挂满了‘小蒂姆’火箭弹，以及 500 磅和 1000 磅的炸弹。舰岛后面的整个飞行甲板都停满了准备起飞的飞机。”

这 2 枚炸弹穿透机库甲板后爆炸，引起大火，高温最终导致“小蒂姆”火箭弹走火，在整个甲板和升降机炸开的口子里四处乱窜。朱里卡写道：“我从外面看到，烟雾迅速弥漫，甲板上的飞机和马克 –13 鱼雷接连爆炸。”

“富兰克林”号失去了动力，右舷倾斜 15 度，无法在海上行动。虽然细致的堵漏工作使情况有所好转，但大火无法控制，航母冒起滚滚浓烟。许多舰员被困于甲板下方，或被大火吞噬，或因有毒浓烟窒息而死。其他人为躲避大火，只能跳海求生。

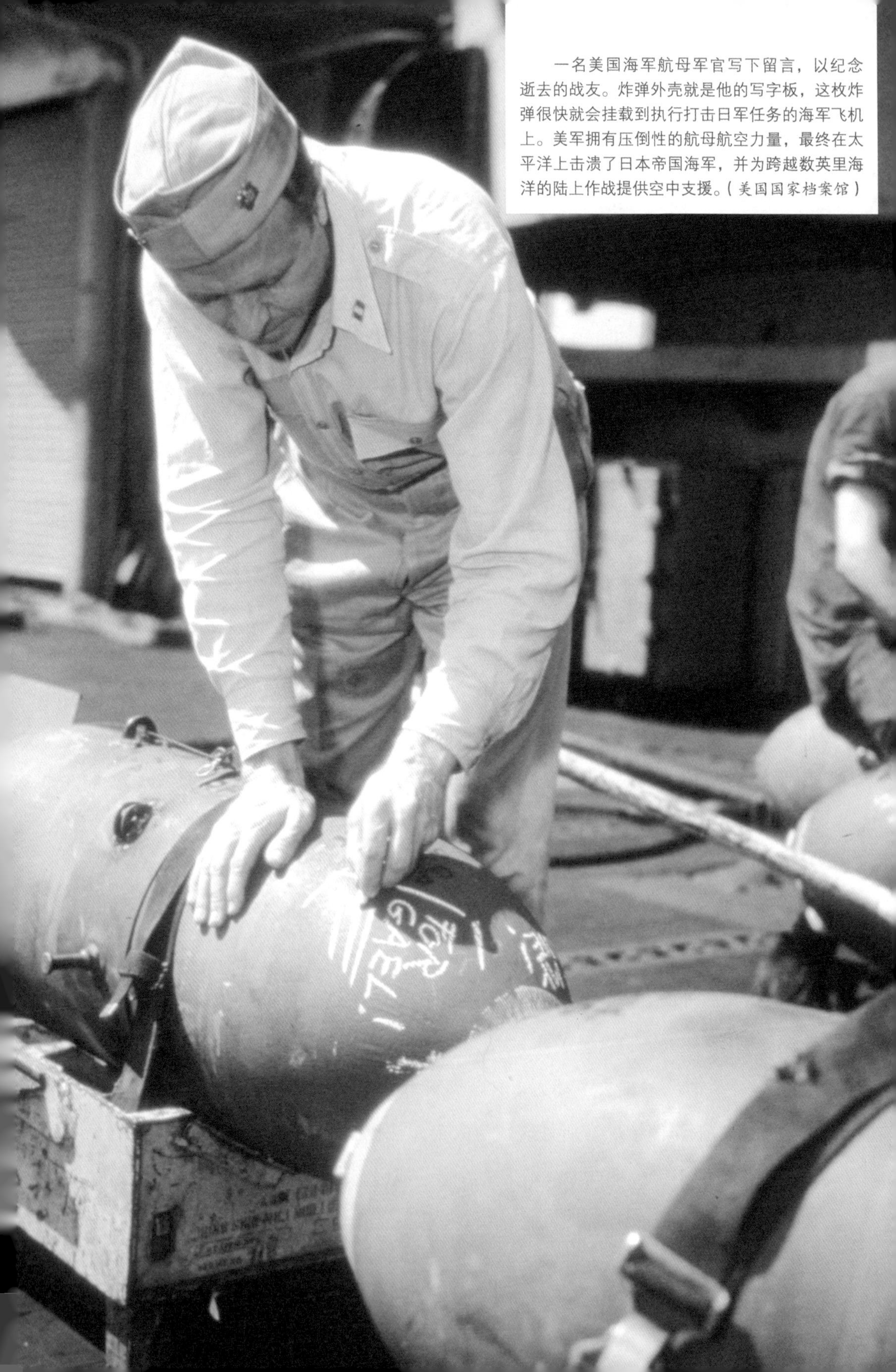

一名美国海军航母军官写下留言，以纪念逝去的战友。炸弹外壳就是他的写字板，这枚炸弹很快就会挂载到执行打击日军任务的海军飞机上。美军拥有压倒性的航母航空力量，最终在太平洋上击溃了日本帝国海军，并为跨越数英里海洋的陆上作战提供空中支援。（美国国家档案馆）

LAUNCHED!

The finest light-weight felt hats in the world...100% American hats...made by American workmen ...at American wages...now national best sellers!

"VITA-FELTS"

TEN DOLLARS

OTHER STETSONS FROM FIVE DOLLARS

STETSON HATS ARE ALSO MADE IN CANADA

新品发售!

世界上最轻最好的帽子……百分百美国制造……美国工人制造……美国支付工资……现在是全国最畅销产品!

斯泰森牛仔帽　　皇家斯泰森公司

10 美元

其他斯泰森牛仔帽 5 美元起

另有加拿大制造的斯泰森牛仔帽

“圣达菲”号（*Santa Fe*）巡洋舰赶来救援，勇敢的损管人员最终控制住了火势并将其扑灭。二战中，没有一艘埃塞克斯级航母因敌军的攻击行动而沉没，但“富兰克林”号是最接近死亡边缘的，共有724人阵亡，265人受伤。

“富兰克林”号由“匹兹堡”号（*Pittsburgh*）巡洋舰拖曳，继续保持航行状态，直到舰上锅炉正常运转，再次恢复动力为止。之后，“富兰克林”号航行至加罗林群岛的乌利提锚地进行紧急修理，后继续行至珍珠港，穿过巴拿马海峡，返回布鲁克林海军造船厂。4月28日，也就是遭到近乎毁灭性打击40天后，这艘航母长途跋涉1.2万英里（约2万千米），疲惫不堪地回到了纽约。

1945年5月11日，埃塞克斯级航母“邦克山”号在冲绳沿海遭到日军2架“神风特攻队”飞机的袭击，沦为人间炼狱。其中1架自杀式飞机撞向“邦克山”号，冲进飞行甲板上的34架挂载炸弹和注满燃油的飞机中。当天早晨，共有373名美军舰员和海军飞行员牺牲；最终火势得到控制，航母得以脱险。（美国国家档案馆）

1944 年春，英国皇家海军重返太平洋战场，与美国海军一起对日本占领的荷属东印度群岛进行联合空袭。11 月，英国成立太平洋舰队，并最终决定在太平洋投入 6 艘舰队航母、4 艘轻型航母、9 艘护航航母和 2 艘用于维修飞机的维护航母。英军的航母舰载机除了有美军飞机机型外，还有费尔雷“梭鱼”鱼雷轰炸机、超级马林“海火”战斗机（著名“喷火”战斗机的航母舰载机型）及两栖侦察机。

英军的舰队航母有 3.6 万吨的“怨仇”号、“光辉”号、“可畏”号、“不倦”号、“不屈”号和“胜利”号，它们都是欧洲战场上百战余生的航母，参加过地中海战役、诺曼底登陆、袭击意大利塔兰托港锚地及追击“俾斯麦”号等战斗。这些航母对日军本土岛目标发动空袭，并经受住“神风特攻队”的多次袭击，它们的飞行甲板有装甲防护，为防御自杀式飞机的攻击提供了有效保护。

“不倦”号上的美国海军联络官曾评论道：“当 1 架‘神风特攻队’飞机撞向美军航母时，意味着这艘航母要在珍珠港维修 6 个月。而当它撞向英国佬的航母时，你只需要说：‘清洁工，去拿把扫帚来吧！’”

英军的轻型航母是排水量 1.3 万吨的巨人级航母，包括“巨人”号（*Colossus*）、“光荣”号、“复仇”号（*Vengeance*）和“可敬”号（*Venerable*）。1942 年，在皇家海军最需要航母之际，英国海军部订购了 16 艘巨人级轻型航母。二战时有 4 艘完工，每艘编制舰载机 48 架，但均未参加战斗。因为等这些航母能够执行作战任务时，欧洲战场对航母的需求已经不大，直到 1945 年才需要它们到太平洋参战。

巨人级航母类似光辉级舰队航母的缩小版。战后又有 4 艘完工，虽然它们被视为“一次性”军舰，计划服役 2 年，但实际服役时间远超这个最低年限。最终，英国海军部将多余的巨人级航母出售给其他 7 个国家的海军。

随着日本于 1945 年 9 月 2 日投降，太平洋地区的二战结束了。航母已经成为海战中的决定性武器，并升格为主战军舰中的主力。虽然 1945 年以后它在军事行动中的使用一直受限，但直到 70 多年后的今天，航母在全球海军舞台上仍一直占据着主导地位。

注释

[1]　伍尔沃斯便利店（Woolworths）是美国一家历史悠久的零售商店。在英国人眼中，这些来自美国的航母正如美国开在自己身边的便利商店一样。

朝鲜战争让人们进一步看清了航母是如何进入舰载喷气式飞机时代的。照片中，一架格鲁曼 F9F“黑豹”战斗机的飞行员进入座舱，准备和道格拉斯 AD“空中袭击者”螺旋桨式攻击机及格鲁曼 F4U“海盗”攻击机一起，从埃塞克斯级航母“普林斯顿”号甲板上起飞。照片摄于 1951 年 5 月 1 日。（美国国家档案馆）

第五章 战争与和平

1945—1982

早在二战开始之前，世界各大海军强国的设计师就对装甲飞行甲板的优缺点展开了争论。

英国皇家海军选择加强防护能力，使用装甲飞行甲板，因为他们预计本国大多数的作战行动将相对局限于北海、地中海和欧洲大陆沿海等海域，此时主力军舰易受陆基飞机的攻击。相反，美国海军强调进攻能力，因为他们需要保护美国在两个大洋中的利益，没有装甲防护的飞行甲板可以搭载更多舰载机。

装甲飞行甲板的缺点其实很明显：它远比木质甲板沉重。飞行甲板位置较高，如果增加重量，在远洋作战时就会增加航母舰体不稳的风险。减重的首选就是减少航母的舰载机数量。虽然美军航母最终能够搭载 90 架或更多架攻击飞机，但英军航母通常被迫大幅减少舰载机的数量。

在二战后的分析中，世界各国海军首次有了可供评估的实战表现。比较英美航母在冲绳沿海及其他海域，遭遇日军常规炸弹袭击及“神风特攻队”自杀式飞机袭击时的受损情况，明显可以看出装甲飞行甲板的优势所在。

早在 1940 年，美国海军便开始做出改变，为二战期间舰体最大的航母的飞行甲板加装装甲。未来的中途岛级诸航母，最初排水量为 4.5 万吨，是埃塞克斯级的航母还要多出一半，它们是首批使用装甲飞行甲板的美军航母。仅凭提高排水量的做法，其舰载机数量便大幅增加至大约 140 架。同时，机库和飞行甲板的设计仍在继续：装有 2 个蒸汽弹射器，2 座升降机位于中线，第 3 座升降机位于甲板边缘，以便管理飞机。

中途岛级航母的最初设计是大型航母，全长 1000 多英尺（约 305 米），宽 121 英尺（约 37 米），而巴拿马运河的船闸宽度仅有 110 英尺（约 34 米），无法通行。“中途岛”号、“富兰克林·罗斯福”号和“珊瑚海”号等 3 艘航母，在位于弗吉尼亚州的纽波特纽斯造船厂和布鲁克林海军造船厂建造，另外 3 艘该级航母的建造工作被取消。“中途岛”号 1943 年 10 月开工建造，1945 年 3 月下水，于日本在东京湾举行投降仪式 8 天之后，即当年 9 月 10 日入役。“富兰克林·罗斯福”号于 1945 年 10 月入役，成为美国海军首艘携带核弹的航母。“珊瑚海”号于 1947 年入役，一直服役至 1990 年春。

20 世纪 70 年代，格鲁曼 F–14“雄猫”和麦道 F/A–18“大黄蜂”战斗机等机型开始部署，1 支满编的航母舰载机联队可下辖 11 支由各类机型组成的中队。自 1974 年起，F–14 战斗机在海军航母上服役已有 32 年，于 2006 年退役。

今天，现代美国海军的航母舰载机联队，通常下辖4支由F/A-18“大黄蜂”或升级版波音F/A-18“超级大黄蜂”组成的攻击战斗机中队，1支由4架诺格EA6-B“徘徊者”或5架波音EA-18G“咆哮者”组成的电子战中队，1支由4架诺格E-2C“鹰眼”组成的空中早期预警中队，2支由西科斯基MH-60直升机组成的战斗和攻击中队，以及1支由2架格鲁曼C-2“灰狗”运输机组成的后勤支援分队。

中途岛级航母入役后，航母作为主战军舰的角色继续发展演变。随着核武器时代的到来以及冷战态势的升级，美国海军的航母与空军的远程战略轰炸机之间开始竞争。两大军种在何为核武器的主要投送手段这个问题上所展开的争论，对美国的军事理论、预算重点及地缘政治事务产生了深远影响。

无论怎样，中途岛级航母服役了数十年之久。该级首舰“中途岛”号于1992年退役，整整服役47年，令人叹为观止。它还是该级首艘前沿部署至日本横须贺的航母，部署时间长达17年。先后有超过20万名美国海军在长达半个世纪的时间里登舰服役。它参加过地中海战役、越南战争、“沙漠风暴”等多项军事行动。20世纪50年代，中途岛级航母接受重大改装，加装便于喷气式飞机起降的斜角飞行甲板，改进蒸汽弹射器，加固飞行甲板和升降机，采用可以保护前端免受各种伤害的封闭式防风舰艏。

USS FRANKLIN D. ROOSEVELT

“富兰克林·罗斯福”号是3艘中途岛级航母的次舰。1945年4月29日，在纽约海军造船厂，它正准备参加下水仪式。中途岛级航母排水量4.5万吨，是海军首批安装装甲飞行甲板的航母。（美国国家档案馆）

1958年2月，在一次特殊的加油演习中，仙女座级攻击型货船“查拉”号（*Chara*）正在为“中途岛”号航母加油。“中途岛”号于1945年3月下水，于日本投降8天后入役。照片中，可以清楚地看到航母的斜角甲板，另外舰艏升降机也已降下。（美国国家档案馆）

1948 年 1 月，美国海军中途岛级航母“珊瑚海”号正在航行。该舰于 1947 年入役，一直服役到 1990 年春。它曾参加越南战争、马亚圭斯事件及中东动乱时的军事行动。（美国国家档案馆）

E
BEWARE OF JET BLA
PROPS AND ROTOR
157992
B3

由于成本过高，“中途岛”号是该级航母中唯一一艘10年后再次接受现代化改装的航母。1986年，为增加浮力，它的舰体加装舷侧隔舱，但此举反而使舰体横摇严重。在服役末期，由于“中途岛”号相比其最初设计搭载的二战时期活塞发动机飞机，其现代飞机的体积和重量大为增加，其航空联队的飞机数量已减至大约55架，且无法搭载格鲁曼F–14“雄猫”战斗机或洛克希德S–3“北欧海盗”反潜机等大型飞机。不过，在执行最后一次任务时，它的航母舰载机联队下辖了4支麦道F/A–18“大黄蜂”多用途战斗机中队和2支格鲁曼A–6“入侵者”攻击机中队。今天，“中途岛”号锚泊在圣迭戈海军基地，作为海上博物馆对公众开放。

美国海军“中途岛”号航母飞行甲板上，舰员开始对一架机翼折叠的洛克希德S3A双引擎涡轮喷气式反潜机进行维护。中途岛级航母的体积是其前代埃塞克斯级的1.5倍，可搭载140架飞机。“中途岛”号在海军服役期很长，现停泊在加州圣迭戈港，已改为海上博物馆。（美国国防影像网 [US DefenseImagery] /DN-SN-85-06353号）

航母舰载机联队

美国海军现代航母舰载机联队（carrier air wing）所具有的打击力量，从航母诞生时起，就定义了航母的作用。

美国海军的第一批航母舰载机大队（carrier air group）成立于1937年，到了二战初，1支航母舰载机大队一般下辖1支格鲁曼F4F“野猫”战斗机中队，1支道格拉斯TBD“毁灭者”鱼雷轰炸机中队，1支由18架道格拉斯SBD“无畏”俯冲轰炸机组成的侦察中队，以及1支由18架道格拉斯“无畏”轰炸机组成的轰炸中队。二战后

期，在埃塞克斯级航母的72架编制舰载机中，侦察中队的编制被撤销，同时增加了一些新型战机，即沃特F4U“海盗”攻击机及格鲁曼F6F“地狱猫”战斗机、柯蒂斯SB2C“地狱俯冲者”轰炸机及格鲁曼TBF“复仇者”鱼雷轰炸机。

朝鲜战争期间，格鲁曼F9F“黑豹”及麦克唐纳F2H“女妖”战斗机成为首批参战的航母舰载喷气式飞机。航母舰载机大队下辖2至3支“黑豹”或“女妖”战斗轰炸机中队，另外还有最多2支F4U“海盗”攻击机中队和1支道格拉斯AD“空中袭击者”攻击机中队。

1963年12月，航母舰载机大队正式重组为航母舰载机联队。20世纪60年代末是越战最激烈的时期，此时复杂的劳动分工出现了。航母舰载机联队通常下辖2支由麦道F-4“鬼怪”或沃特F-8“十字军战士”组成的战斗机中队，2支由凌－特姆科－沃特A-7“海盗”或道格拉斯A-4“天鹰”组成的攻击机中队，1支格鲁曼A-6“入侵者”全天候攻击机中队，以及负责空中早期预警、电子战和侦察的各支援中队，另外还有几支多用途直升机分队。

这是VA-25攻击机中队的凌－特姆科－沃特A7E“海盗II”飞机。它正在接近福莱斯特级航母“突击者”号，准备降落，同时另一架A7E飞机正准备起飞。“海盗”多用途飞机于1967年进入美国海军服役，20世纪90年代初退役。（美国国家档案馆）

1952 年，埃塞克斯级航母“安提坦”号的舰艏停放在干船坞上，正在加装舷梯，这使它成为全球首艘装有斜角飞行甲板的航母。“安提坦”号于 1944 年 8 月下水，次年 1 月服役。在美国海军中，无数艘埃塞克斯级航母都曾历经翻修，服役 20 年或者更久的时间，“安提坦”号正是其中之一。它于 1963 年退役，1974 年拆解出售。（美国国家海军航空博物馆 /1996.488.061.039 号 / 罗伯特 · 劳森拍摄）

战后，埃塞克斯级航母继续充当美国海军海上打击力量的承载平台。它们中不少都接受了重大现代化改装，其中有的还改为反潜航母或其他专用型航母。不过，到了 20 世纪 70 年代初，人们也在考虑为此类任务专门建造航母。

“奥里斯卡尼”号（*Oriskany*）是最后一艘完工的埃塞克斯级航母。该舰于 1944 年 5 月 1 日在布鲁克林海军造船厂下水，1950 年 9 月 25 日入役。1946 年，在大约完工 85% 的时候，“奥里斯卡尼”号的建造工作暂停，次年根据 SCB–27 现代化改装计划继续开工。与最初设计方案不同的是，根据该项计划，“奥里斯卡尼”号将作为原型舰，用于建造另外 14 艘将在 1950 至 1955 年间完工的埃塞克斯级航母。后来，这些航母中有几艘经过重新设计，被改为攻击型航母。

SCB–27 计划包括改变航母舰岛的位置和设计，加固飞行甲板以搭载更重且更快的喷气式飞机，重新配置或拆除某些防空武器，扩容升降机，使用飞剪式舰艏以实现所有航母的标准化设计，消除了埃塞克斯级航母短舰体与长舰体（有时也称为提康德罗加级）之间的差别。

1952 年，“安提坦”号（*Antietam*）的飞行甲板上安装了左舷台，成为世界上首艘安装斜角飞行甲板的航母。另一项名为 SCB–125 的现代化改装计划，为 1954 至 1959 年建造的 14 艘埃塞克斯级航母安装了斜角飞行甲板。此后，斜角甲板便成为 20 世纪喷气式战斗机行动的标配。SCB–125 计划的其他改造还包括：改用封闭式防风舰艏、安装空调、改进拦阻索、加长升降机或将其移位、主飞行控制室移至舰艉的舰岛处。在经过改装的埃塞克斯级航母中，“大黄蜂”号、“列克星敦”号、“本宁顿”号、“好人理查德”号和“奥里斯卡尼”号等 5 舰，有时也被称为汉考克级航母。

反潜型航母的改装工作始于 20 世纪 50 年代末，涉及“大黄蜂”号、“列克星敦”号和“本宁顿”号，它们均搭载反潜跟踪机和可提供空中掩护的战斗机。其中，“列克星敦”号是该级最后退役的航母，于 1991 年结束服役生涯。在其漫长的服役生涯中（1943 年入役），“列克星敦”号曾充当标准型航母、攻击型航母、反潜型航母及训练型航母。

S
F9F-2
NAVY
127213
NAVY
S
3

1951 年 12 月 26 日，朝鲜半岛沿海寒冷的水面上，埃塞克斯级航母“福吉谷”号舰员正在扫除飞行甲板上的积雪。格鲁曼 F9F“黑豹”战斗机是美国海军最早部署的一款航母舰载喷气式战斗机。它停放在甲板上，机翼折叠，等待清扫。在朝鲜战争中，美军首轮空袭就是从“福吉谷”号和英国皇家海军轻型航母“胜利”号上开始发动的。（美国国家档案馆）

603

关于美军哪个军种将在核时代占据上风的争论，前文已有提及，但最终一个决定性事件的发生，令美国海军计划建造首艘“超级航母”的工作戛然而止。而且，根据一些历史学家的介绍，此事险些让航母退出战争武器的行列。1949年的《海军拨款法案》（*Naval Appropriations Act*）授权拨款，计划建造5艘航母，每艘排水量6.5万吨，造价至少1.9亿美元。此前一年，哈里·杜鲁门总统已经批准了该项建造计划，首艘超级航母“美国”号的龙骨于1949年4月18日在纽波特纽斯造船厂铺设。

“美国”号的设计与之前航母有着极大的不同。这艘巨舰采用平甲板设计，舰岛上没有上层建筑。按照计划，它可以搭载重达半吨、可携带核弹的现代喷气式飞机。它长1090英尺（约332米），动力由锅炉和蒸汽涡轮机提供，功率28万轴马力，最高航速33节（约61千米/小时）。它的编制舰载机为45架麦克唐纳F2H“女妖”战斗机，以及12架道格拉斯A-3“空中武士”轰炸机，用来发挥空中打击实力。它的舰员和飞行员共计3000多人。

美国海军一架道格拉斯AD-4“空中袭击者”攻击机前往朝鲜半岛上空执行一项危险任务，返航时在“菲律宾海”号航母甲板上坠毁。“空中袭击者”是螺旋桨式攻击机，20世纪40年代末首次随航母舰载机中队部署。“空中袭击者”最后一共制造了3000多架，它的服役期极长，跨越了越南战争，一直延续到20世纪80年代。（美国国防影像网/80-G-423867号）

迫于参谋长联席会议，特别是空军和陆军高官的压力，美国国防部长路易斯·约翰逊（Louis Johnson）做出让步，在“美国”号开工5天后，宣布取消建造计划。因为空军宣称，在战后财政紧缩的时代，“美国”号造价高到必须叫停的程度；同时指出，鉴于空军重型轰炸机已被用来承担运载核武器的任务，“美国”号的远程核打击能力简直就是多此一举。取消建造的消息一经宣布，海军部长约翰·沙利文（John Sullivan）立即辞职。

在接下来的关键几个月里，各方对1951年的国防预算展开辩论。有人提议大幅缩减海军军费开支，将正在出动的埃塞克斯级航母的数量削减50%，即减至4艘，同时将航母舰载机大队的数量从14支削减为6支，将海军陆战队航空中队的数量从23支削减至12支，此外还宣布要大幅缩减反潜力量，等等。与此同时，空军提议扩充战略轰炸机部队，轰炸机大队的数量至少要达到70支。

随后发生的“海军上将哗变”事件[1]，是海军对军种优先序列发生变化一事公开表达不满。最终，海军作战部长路易斯·登费尔德（Louis Denfeld）海军上将被迫辞职，其他海军军官也因提出反对意见而付出沉重代价。不过，由于他们的极力反对和朝鲜战争的爆发，海军航空部队及航母的未来最终获得挽救。

1950年6月25日，朝鲜战争爆发，美国对此做出响应。美国海军在初期承担了极其繁重的任务，而航母对全球热点进行快速反应的优势变得愈发明显。海军高级将领也得到保证，宣称超级航母的经费很快就会到位。

同时，联合国通过决议，授权对朝鲜半岛采取行动，于是美军以联合国的名义领导了一支多国联军，其中包括了大量海军力量。因为海军作战任务是支援地面部队，与敌机开展空战，以及对敌方的军事、后勤和运输等目标发动战术和战略空袭，所以美英海军的航母似乎违反了航母作战的三项基本原则：除非航母部队在实力上占据绝对优势，否则避免直接与地面部队决战；不得将机动航母部队束缚在某个有限的陆地区域；应当集中兵力。

不过，事实上敌方没有海军力量，联军航母及护卫舰船防御空中或海上的进攻能力，以及陆地作战本身的要求等因素降低了作战风险，让这些行动显得合理，这与他们十多年后在越战期间的行为如出一辙。

1950 年 7 月 3 日，“联合国军”在朝鲜战争中的首轮空袭，就是从美国海军“福吉谷”号（*Valley Forge*）航母和英国皇家海军巨人级轻型航母“胜利”号上开始发动的。当时，“福吉谷”号是美国海军在西太平洋上行动的唯一一艘航母，英国的“胜利”号也正在黄海海域航行。在首次作战行动中，美国海军第 5 航母舰载机大队飞行员驾驶的是格鲁曼 F9F“黑豹”战斗机或道格拉斯 AD“空中袭击者”攻击机，英国皇家海军飞行员驾驶的是螺旋桨式费尔雷“萤火虫”FR 战斗机和超级马林“海火”战斗机。

在朝鲜战争中，航母舰载机最成功的一次空袭，就是“空中袭击者”攻击机对韩国华川水坝发动的进攻。1951 年 5 月 1 日清晨，来自 VA–195 中队的 5 架“空中袭击者”和 VC–35 中队的 3 架“空中袭击者”，在 VF–192 和 VF–193 中队的 8 架沃特 F4U“海盗”战斗机的护航下，从美国海军“普林斯顿”号航母的甲板上起飞。这些“空中袭击者”挂载的是很少用于打击地面目标的马克 –13 鱼雷，但此次战果极其丰硕：有 6 枚鱼雷成功命中目标，炸毁了水坝。

109

1950年7月中旬，朝鲜半岛东海岸附近海域作战期间，在美国海军一艘航母上，一架格鲁曼F9F“黑豹”喷气式战斗机正由升降机送至飞行甲板。1950年夏，英美两国海军的航母为与敌军交战的地面部队提供了大量空中支援。这张照片摄于战争开始几天之后。（美国国家档案馆）

208

在朝鲜战争期间，无论何时，都会有4艘美国海军的舰队航母在朝鲜半岛沿海行动。虽然此战中并未部署中途岛级航母，但有大量埃塞克斯级航母参战。在1950年冬长津湖战役的激烈战斗中，“福吉谷”号、“菲律宾海”号（*Philippine Sea*）、“普林斯顿”号和“莱特”号（*Leyte*）释放舰载机，为地面部队提供了近距空中支援。在英国皇家海军参战的航母中，巨人级航母“光荣”号3次部署出战，其姊妹舰“忒修斯”号（*Theseus*）在1950年9月至1951年4月的7个月里，释放飞机总计3500架次。

英国皇家海军在二战期间启动的那些航母建造工作，战后仍然继续进行，包括巨人级轻型航母和采用类似设计的威严级航母。随着战争的不断发展，6艘威严级航母被改为大型航母，以搭载体积更大的飞机。虽然建造工作在1945年一度暂停，但最终有5艘完工，其中最后一艘于1961年入役。它们是“威严”号（*Majestic*）、“宏伟”号（*Magnificent*）、“大力神”号（*Hercules*）、“强盛”号（*Powerful*）和“可怖”号（*Terrible*）。它们被以出售或租借的方式，提供给澳大利亚、加拿大和印度等国海军使用。1948年，“可怖”号进入澳大利亚皇家海军服役，改名“悉尼”号。在朝鲜战争期间，它创下了一天内飞机起飞架次的最高记录：1951年10月11日当天，共计89架次。

1950年7月，在美国海军“福吉谷”号上，一架格鲁曼F9F-3“黑豹”战斗机正在向前滑行，准备弹射起飞，沿朝鲜半岛东海岸去打击目标。请注意航母舰岛上的细节，包括左下方的粉笔记分板。（美国海军历史与遗产司令部80-G-428152号藏品）

509
B

1950年6月，几架格鲁曼F4U“海盗”战斗机正从美国海军一艘航母上起飞，舰员正在紧张地执行各自的任务。下一架挂载火箭弹的F4U正在排队，等待起飞。“海盗”是二战时期的老式战斗机，但在朝鲜战争中作为攻击机重获新生，使用机枪及火箭弹为地面部队提供支援。（美国国家档案馆）

在朝鲜半岛沿海，数架格鲁曼 F4U“海盗”攻击机停放在美国海军一艘航母的飞行甲板上。舰员们正在忙碌地为这些飞机挂载武器，以支援在朝鲜半岛作战的联军部队。已经挂载武器的“海盗”战斗机正等待出击，可以从其折叠机翼下看到导弹。（海军历史与遗产司令部 NH 97059 号藏品）

1942 年和 1943 年，英国皇家海军二战时期体积最大的舰队航母，也就是大胆级航母开工建造。最初，该级舰按计划应当是怨仇级航母的升级版，但出于机库高度方面的担忧，同时也为了能够搭载更多数量的现代化飞机，最终决定将航母舰体加大，使其排水量达到 3.68 万吨，长

1950年9月，埃塞克斯级航母“莱特”号穿越国际日期变更线，前往朝鲜半岛水域时，舰艏浪花飞溅，打湿了停放在飞行甲板上的格鲁曼F9F“黑豹”战斗机。1953年开始，“莱特”号将被改为反潜航母。（美国国家档案馆）

804英尺（约245米），最高航速32节（约59千米/小时），动力由8台海军部锅炉和4台帕森斯蒸汽涡轮机提供，功率15.2万轴马力，最多可搭载50架舰载机。

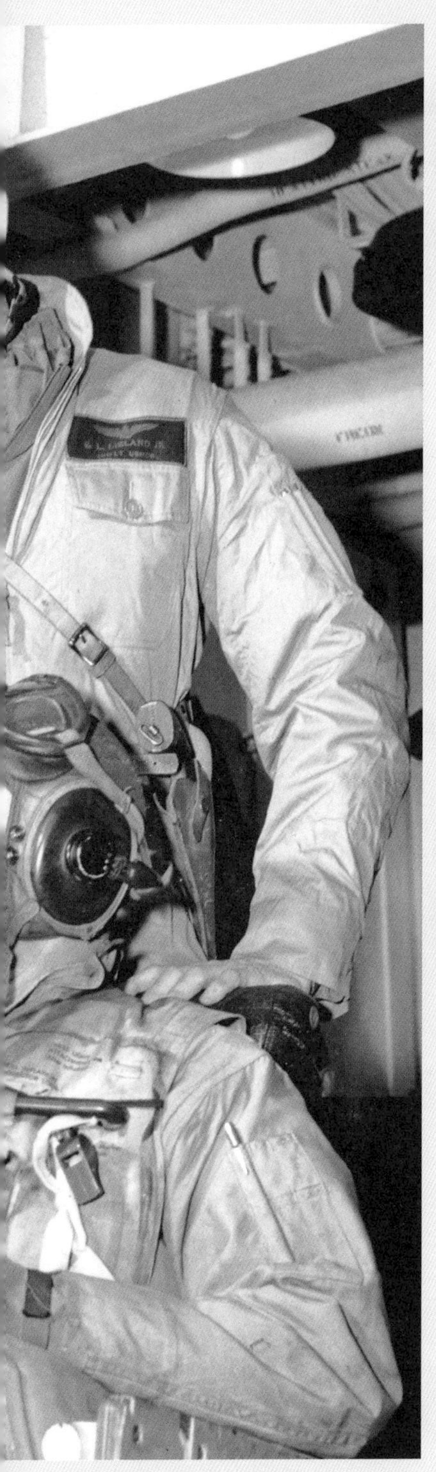

上图：福尔诺夫（J. W. Fornof）海军上尉驾驶格鲁曼 F9F“黑豹”战斗机赴朝鲜半岛上空执行任务后，已经安全返回美国海军埃塞克斯级航母“拳师”号（*Boxer*）。他正在检查机翼的受损情况。“拳师”号于 1944 年下水，后改为两栖攻击舰。（美国国家档案馆）

左图：这张照片是 1951 年 4 月，在美国海军独立级轻型航母“巴丹”号上拍摄的。美国海军飞行员刚刚完成对朝鲜半岛敌军阵地的打击任务，正在返航的路上讨论战果。朝鲜战争期间，这些在航母上服役的飞行员，有的是二战老兵，有的则是预备役转为现役。（美国国家档案馆）

该级首舰最初命名为“大胆”号（*Audacious*），1946年3月改名“鹰”号，在北爱尔兰贝尔法斯特的哈兰德与沃尔夫造船厂下水。该级次舰最初命名为“势不可当”号（*Irresistible*），1950年改名为“皇家方舟”号，在伯肯黑德的卡梅尔·莱尔德造船厂下水。该级后2艘的建造计划被取消。1956年，在“苏伊士运河危机”中，“鹰”号部署出动，当时编制舰载机是韦斯特兰“飞龙”（Wyvern）螺旋桨式战斗机，霍克“海鹰”（Sea Hawk）喷气式战斗机，德哈维兰“海毒液”（Sea Venom）喷气式战斗轰炸机，以及美国制造的道格拉斯AD“空中袭击者”攻击机。后来，“鹰”号接受重大改装，于1972年退役。“皇家方舟”号于1955年入役，25年后被拆解，本来尝试将其作为博物馆保留下来，可惜没有成功。

二战时期，英国皇家海军最后开工建造的航母是4艘半人马座级航母，排水量2.7万吨，接近美军的埃塞克斯级航母。它们的建造工作始于1944年春，二战尾声曾一度暂停，后于20世纪50年代中期入役。它的动力由海军部锅炉和帕森斯蒸汽涡轮机提供，功率7.6万轴马力，最高航速28节（约52千米/小时），最多可搭载42架舰载机。

虽然“半人马座”号（*Centaur*）保留了最初的飞行甲板设计，但该级另外3艘航母，也就是“海神之子”号（*Albion*）、“壁垒”号（*Bulwark*）和“竞技神”号，建造时对其设计进行了调整，安装了斜角飞行甲板。“壁垒”号服役至20世纪80年代。“竞技神”号因在1982年英阿马岛战争中发挥重要作用而闻名，后于1986年出售给印度海军，改名“维拉特”号（*Viraat*），至今仍在服役。

二战结束后，在30多年的时间里，英国不再继续建造航母，并于1945年年底取消了4艘排水量接近4.8万吨的马耳他级航母的建造计划，于1966年取消了2艘排水量5.5万多吨的伊丽莎白级航母的建造计划。

朝鲜战争最后一天，美国海军陆战队可全天候作战的“圆点花纹”（Polka Dot）中队，也称“夜袭者”（Moonlighters）中队，所部 F4U-4“海盗”战斗机，正在等待挂载弹药。该中队负责对地面目标进行打击，虽然其参战时间不长，但却取得了重大战果。2007 年，该中队执行了最后一次飞行任务。（美国国防部）

1951年5月23日，2架格鲁曼F9F“黑豹”战斗机从美国海军埃塞克斯级航母“普林斯顿”号旁边掠过。“黑豹”战斗机通常承担护航任务，保护负责空袭朝鲜基础设施的格鲁曼“海盗”战斗机及道格拉斯“空中袭击者”攻击机，比如1951年5月1日从“普林斯顿”号上起飞，空袭华川水坝的那些战机。（美国国家档案馆）

U.S.S.- PRINCETON
CVS - 37

115

R05

美国海军首批投入实战的超级航母出现的背景，是各军种激烈争论的混乱局面，以及朝鲜战争的实战经历，前者最终导致了“海军上将哗变”事件，后者展示了航母部队能够快速应对世界任何地方出现的军事威胁。以前国防部长詹姆斯·福莱斯特（James Forrestal）命名的 4 艘福莱斯特级超级航母[2]，1952 年中至 1955 年在纽波特纽斯造船厂和纽约海军造船厂开工建造。它们是“福莱斯特”号、“萨拉托加”号、“突击者”号和“独立”号，每艘排水量约为 6 万吨。它们是二战结束以来首批全新设计建造的航母。它们最初被归类为大型航母（CVB），1952 年秋改为攻击型航母（CVA）。

福莱斯特级航母的最初设计包括直通飞行甲板，并使用了原本为“美国”号航母（后被叫停）准备的一些创新设计。建造期间，福莱斯特级航母安装了斜角飞行甲板，后面建造的航母也采用这一设计。该级航母的机库空间

英国皇家海军“鹰”号航母在远洋航行，一架直升机准备着舰。“鹰”号于 1946 年 3 月下水，是二战时期建造的大胆级航母中首艘完工的，20 世纪 50 年代中期在“苏伊士运河危机”（Suez Crisis）期间部署出动。第 2 艘完工的大胆级航母是“皇家方舟”号，于 1955 年入役。该级航母排水量 3.68 万吨，可搭载 50 架飞机。（英国皇家海军）

1951 年 6 月，人们让出跑道，一架“海怒”(Sea Fury) 轰炸机正从英国皇家海军“光荣”号飞行甲板上起飞。霍克“海怒”轰炸机是以极其成功的陆基霍克“暴风”(Tempest) 战斗轰炸机为基础研发的，也是在英国皇家海军航母上服役的最后一款螺旋桨式飞机。朝鲜战争期间，“光荣”号部署出动 3 次，最终于 1961 年被拆解出售。(美国国家档案馆)

较大，长 740 英尺（约 226 米），宽 101 英尺（约 31 米），高 25 英尺（约 8 米）。装甲飞行甲板与舰体是一体式设计，使得整个平台的稳定性极好，适航性极佳。

福莱斯特级航母长 1070 英尺（约 326 米），比中途岛级航母长 100 英尺（约 30 米）；宽 130 英尺（约 40 米），比中途岛级航母宽 20 英尺（约 6 米）。它的锅炉和蒸汽涡轮机功率为 28 万轴马力，最高航速 34 节（约 62 千米 / 小时）。它的大型舰岛及其周边的 3 座升降机极为显眼，其中，1 座位于舰岛前方，2 座位于舰岛后方，左舷飞行甲板的前方边缘是第 4 座升降机。它们最多能够搭载 100 架各种类型的战机。

20 世纪 70 年代，福莱斯特级航母转隶为多任务航母（CV）并接受改装，舰上航空联队的机型为 S–3“北欧海盗”反潜机和 SH–3“海王”反潜直升机。20 世纪 80 年代，该级航母通过“服役期延长计划”（Service Life Extension Program），接受大规模现代化升级改造，升级项目包括改进雷达和通信设备、改进推进系统，并在多次部署后对舰体进行修复。从安装在舷侧突出部的 5 英寸（127 毫米）舰炮，到配有马克 –91 火控系统的“海麻雀”导弹，它们的防空能力也在稳步提升。现代化改装完工之后，“突击者”号是该级中唯一一艘保留固定翼的航母。

到了 20 世纪 50 年代中期，美国在福莱斯特级航母的设计基础上加以调整，设计出小鹰级航母，在纽波特纽斯造船厂、布鲁克林海军造船厂和新泽西州卡姆登的纽约造船厂等开工建造。该级航母采用的主要改进设计来自实战经验。福莱斯特级航母斜角甲板左舷前方的升降机，正好位于航母弹射器所在的 2 条起降跑道上，对飞机起降造成妨碍。因此，小鹰级航母将舰岛前后的升降机换了位置，前方装有 2 座升降机，而不像福莱斯特级航母一样只有一座。

1951年7月，英国皇家海军巨人级航母“光荣”号的飞行甲板上停放着飞机和直升机。巨人级航母排水量1.34万吨，可搭载48架飞机。这张照片摄于美国海军“西西里”号（*Sicily*）护航航母上。（美国国家档案馆）

FIRST IN DEFENSE
U.S.S. FORRESTAL

1967年8月，美国海军“福莱斯特”号航母在越南附近的北部湾执行空中作战任务。大约1个月前，该舰的机械系统出现故障，引发毁灭性火灾，导致1枚火箭弹走火，使得134名舰员丧生。“福莱斯特”号于1955年10月1日下水，是福莱斯特级航母的首舰。该级航母是美国海军建造的首批超级航母，排水量超过6万吨。（美国海军、美国海军摄影师怀斯[H. L. Wise]拍摄）

1966 年，美国海军福莱斯特级航母“突击者”号在越南沿海航行。开工后不久便取消建造的超级航母“美国”号，其构想中的种种改进设计被福莱斯特级航母所采用。后来，各军种之间爆发争论，引发了 20 世纪 50 年代初的“海军上将哗变”事件。“突击者”号于 1957 年 8 月 10 日入役。（美国国家海军航空博物馆 /2001.205.081 号）

205

在排水量6.1万吨的“星座”号航母上，身着醒目红色外套的军械员从小车上取下炸弹，挂到麦道F-4“鬼怪”战斗轰炸机机翼下方的悬挂点上，为轰炸越南目标的任务做准备。“星座”号航母于1961年10月入役，是美国海军常规动力小鹰级航母的次舰。（美国国家档案馆）

“小鹰”号（*Kitty Hawk*）于1961年4月29日入役。后来，“星座”号（*Constellation*）、“美利坚”号和“约翰·肯尼迪”号相继于1961年10月、1965年1月和1968年9月7日服役。“小鹰”号的建造工作因新泽西造船厂出现问题而延误，“星座”号完工前曾发生火灾。值得注意的是，“美利坚”号是美国海军当时建造的唯一一艘配有声呐系统的航母。

“约翰·肯尼迪”号放弃了由常规动力改为核动力的计划后宣告完工。它在建造时对原有设计进行了调整，因此有时也被认为是尼米兹级别的唯一一艘航母。它的改装项目有：最初为核动力航母研制的集成式水下防护系统，防止水蒸汽遮挡着舰飞行员视野的烟囱弯角设计，以及声呐罩（不过它从未安装过声呐设备）。防空方面，“小鹰”号、“星座”号和“美利坚”号装备了“小猎犬”防空导弹，“约翰·肯尼迪”号则装备了“海麻雀”系统。前3艘航母长1069英尺（约326米），排水量近6.1万吨；“约翰·肯尼迪”号的舰长缩短了17英尺（约5米），排水量也略减。

1987至1992年，“小鹰”号和“星座”号根据“服役期延长计划”接受现代化改造，目的是将服役期延长15年，费用分别为7.85亿和8亿美元。“约翰·肯尼迪”号单独接受现代化改造，耗资近5亿美元。“独立”号于1998年退役后，“小鹰”号便成为现代美国海军服役年限最长的舰船——这其中包括在日本横须贺前沿部署的10年。2008年结束在日本的服役后，“小鹰”号返回华盛顿州布莱默顿，次年春退役。1996年、2003年和2007年，“美利坚”号、“星座”号和“约翰·肯尼迪”号相继退役。

1958年2月4日，即小鹰级航母正式建造之际，美国海军首艘核动力航母（CVN）“企业”号在纽波特纽斯造船厂开工建造。1960年9月24

1968 年 11 月，在美国海军“约翰·肯尼迪”号航母上，VA-81 攻击中队的一架道格拉斯 A-4“天鹰”攻击机准备起飞，飞行甲板引导官正在给飞行员打手势。“约翰·肯尼迪”号的最初设计方案是核动力航母，下水前已改为常规动力，1968 年 9 月 7 日入役，是小鹰级航母的改进型。（美国国家档案馆）

这张航拍照片中，美国海军“约翰·肯尼迪”号航母正在航行，舰载机停放在飞行甲板上。“约翰·肯尼迪”号舰长比标准的小鹰级航母舰长短17英尺（约5米），排水量也略减。（美国国家海军航空博物馆/1996.488.128.039号/罗伯特·劳森拍摄）

日，这艘具有历史性意义的战舰下水，1961 年 11 月 25 日入役。“企业”号的预算造价为 4.44 亿美元，它是在对小鹰级航母的设计进行调整后建造的，其用于安装雷达天线的舰岛建筑格外显眼。

“企业”号长 1123 英尺（约 342 米），至今仍然是世界上最长的海军舰船。它的排水量为 7.57 万吨，装有 8 座西屋 A2W 核反应堆，据开建时估计，在不更换燃料棒的情况下，它的航程可达 20 万海里（约 37 万千米）。它的反应堆可为 4 台蒸汽涡轮机提供动力，功率 28 万轴马力，最高航速 33 节（约 61 千米 / 小时），编制舰载机最多 90 架。

虽然按照规划，“企业”号本应是 6 艘新一级航母的首舰，但实际上该级航母仅此一艘。由于造价过高，“企业”号没有按计划装备“小猎犬”防空导弹，也没有配置舰炮。1967 年，它安装了 2 台“海麻雀”导弹发射架，后来又进行了升级，加装了改进型“海麻雀”导弹和“密集阵”近防武器系统（Close-in Weapons System）。1979 至 1982 年，它在普吉特湾海军造船厂接受了为期 3 年的现代化改装和整体大修。在其漫长的服役生涯中，“企业”号进行了 24 次维修和更换燃料棒，最近一次是 2008 至 2010 年。

1964 年 8 至 10 月，“企业”号航母、“长滩”号导弹巡洋舰和“班布里奇”号（*Bainbridge*）护卫舰组成世界上第一支核动力海军特遣舰队，取名“1 号特遣舰队”，可环球航行 64 天，航程 3.26 万海里（约 6 万千米），航行期间没有补充燃油或食品。次年，“企业”号作为本级参战的首艘核动力航母，开始在越战中执行空中作战任务。1965 至 1975 年，该舰曾 6 次部署至西太平洋地区，或是在越战期间出动，或是随第 71 特遣舰队（包括航母“提康德罗加”号、“突击者”号和“大黄蜂”号）出动，对朝鲜 1968 年 1 月扣押美国海军“普韦布洛”号情报搜集船一事做出响应。

NK
NK
NAVY
9430
VF-143
NAVY
NAVY
NK
407
NK
NAVY
611
CITY OF SELMA
9579
NAVY
VA-146
120

1967 年，美国海军小鹰级航母“星座”号的飞行甲板上停放着多种类型的战机，有麦道 F–4“鬼怪”、道格拉斯 A–4“空中袭击者”、诺格 EA–6B“徘徊者”及其他机型。中间黑色的是道格拉斯 A–3“空中袭击者”战略轰炸机，它是海军历史上服役期最长的机型，1956 年入役，1991 年退役。“星座”号航母在美国海军服役 42 年，后于 2003 年退役并被拆解出售。（美国国家海军航空博物馆 /1996.253.3812 号）

1966年4月，在南中国海上，美国海军核动力航母“企业”号的机库甲板上停放着F-4“鬼怪”战斗轰炸机。1965至1975年间，“企业”号在南中国海部署6次，以执行越南战争期间开展的支援行动，以及对朝鲜1968年初扣押美国海军“普韦布洛”号情报搜集船一事做出响应。（美国国家档案馆）

USS ENTERPRISE
2283
VF-96
NAVY

2012年，“企业”号退役，它的服役生涯跨越半个多世纪，曾在中东、地中海和波斯湾等地发生动乱时，以及“伊拉克自由行动”中部署出动。它的核反应堆在2017年2月被拆除完毕，之后举行了正式的退役仪式。

在美国出兵介入东南亚的近15年时间里，海军航母部队一直都是积极的参与者。老挝、柬埔寨和越南的共产主义运动在不同时期高涨，促使

在美国海军“企业”号甲板上，一名美国海军飞行员把手放在自己飞机挂载的空对空导弹上。“企业”号在美国海军服役50多年，参加各种类型的作战部署，从越战到“伊拉克自由行动”，不一而足。（美国国家海军航空博物馆1996.488.022.030号）

美国早在 1959 年便将航母战斗群部署至该地区。埃塞克斯级、中途岛级、福莱斯特级和小鹰级诸航母及“企业”号都参加过空袭、监视和支援等任务。1961 年春，第 7 舰队主力舰船部署至越南沿海，为可能在老挝采取的军事行动做准备。美国以“珊瑚海”号和“中途岛”号为首在此部署了 2 支航母战斗群，以及后来改为反潜航母的“奇尔沙治”号（*Kearsarge*）和

1966 年，美国对越南沿海开展军事行动期间，在美国海军“萨拉托加”号上，一架隶属 VA-34 攻击机中队的道格拉斯 A-4“天鹰”攻击机被引导至飞行甲板的起飞机位。1954 至 1979 年，“天鹰”一共生产了近 3000 架，最后一架于 2003 年从美国海军退役。福莱斯特级航母“萨拉托加”号于 1956 年 4 月入役，服役期长达 36 年。（美国国家海军航空博物馆 /1996.253.4699 号）

1 艘直升机航母。1 年后，“汉考克”号航母战斗群和“本宁顿”号反潜航母战斗群前往南中国海。

1964 年北部湾事件后，从“提康德罗加”号起飞的 16 架轰炸机对越南民主共和国石油存储设施及沿海巡逻船只进行了轰炸，“星座”号所部第 14 舰载机联队的道格拉斯“空中袭击者”和 A-4“天鹰”攻击机对该国沿海的海军舰船进行了打击。1965 年 2 月 11 日，在“火镖行动 II”期间，从“突击者”号、“珊瑚海”号和“汉考克”号上起飞的战机共计 95 架，对位于归仁的越南民主共和国军事基地进行了轰炸。

此次行动从 1964 年春开始，时间越拖越长。在此期间，一处被称为“扬基站”（Yankee Station）的地方成为第 77 特遣舰队开展空中作战行动的中心区域。美国海军共有 23 艘航母可以出动，其中 21 艘曾在越战期间完成过一次巡航。“小鹰”号是首艘在“扬基站”就位的航母。在美军开展巡航期间，一般由 3 艘航母值班 12 小时，之后轮换另外 3 艘接替，24 小时不间断地提供空中作战力量，至少曾有一次是 6 艘航母同时展开行动。1965 年 5 月至 1966 年 8 月，美军已有足够数量的可用陆基飞机提供支援。这时只有一艘海军航母在南中国海活动，位置是湄公河三角洲附近的“迪克西站”（Dixie Station）。

美国海军飞行员曾无数次飞临越南民主共和国上空，以打击该国的航运、桥梁、基础设施和部队集结活动，并与苏制米格战斗机开展空中格斗。比如在 1966 年 12 月 15 日，“企业”号航母与驱逐舰“曼利”号（*Manley*）、导弹巡洋舰“格里德利”号（*Gridley*）及护卫舰“班布里奇”号从菲律宾莱特岛出发，前往“扬基站”。3 天后，“企业”号抵达“扬基站”，空中作战行动立刻开始。1967 年 6 月 20 日，“企业”号离开“扬基站”，此时它的舰载飞行员已经连续作战 132 天，执行了 1.34 万架次的飞

1967 年，美国海军福莱斯特级航母“萨拉托加”号甲板上，一架麦道 F–4“鬼怪”战斗轰炸机准备起飞。美军就是从北部湾被称为“扬基站”的位置，对越南民主共和国发动 24 小时不间断的空中打击。整个越战期间，共有数千架次的战机从这里的航母上起飞，对该国的军事目标和民用基础设施发动空中打击。（美国国家海军航空博物馆 /1996.253.7278.002 号 / 罗伯特 · 劳森拍摄）

行任务。越南民主共和国首都河内以及港口城市海防的上空，是当时地球上最危险的地方，SA–2 防空导弹和苏联等国提供的各类防空炮火不断搜索着城市周边的潜在目标。多艘航母参加了封锁行动，包括“滚雷行动”、“后卫行动”“后卫二号行动”等战略战术轰炸行动。

美国海军订购“企业”号航母 10 年之后，美国介入越战的程度开始升级，于是授权生产第 2 艘核动力航母“尼米兹”号（*Nimitz*）。如今，尼米兹级航母共有 10 艘，是世界上体积最大的现役军舰。该级航母的首舰于 1968 年 6 月 22 日开工建造，1972 年春下水，1975 年 5 月 3 日入役。最新一艘是 2009 年 1 月 10 日入役的“乔治 · 布什”号。

美国海军“尼米兹”号航母甲板上，停放着一架机翼折叠的诺格 EA-6B“徘徊者”全天候攻击机。“尼米兹”号于 1975 年下水，是美国海军第 2 艘核动力航母，也是尼米兹级航母的首舰，虽经数次改造，但一直在海军服役，时间超过 40 年。（美国国家海军航空博物馆 /1996.253.7059.001 号 / 美国海军德安杰洛 · 潘 [De Angelo, PHAN] 拍摄）

尼米兹级诸航母的建造时间横跨35年，它们可细分为三个子型号：最初的尼米兹级，以及后面的西奥多·罗斯福级和罗纳德·里根级。它们设计上的差异虽然不大，但却相当明显。按照计划，罗纳德·里根级将作为过渡型号，以便建造计划于2016年入役的福特级新航母。[3]

尼米兹级航母长1092英尺（约333米），宽134英尺（约41米），轻载排水量超过7万吨。如果满载船员、飞机和物资，排水量将达到近10万吨。舰上装有2台西屋A4W核反应堆，可为4台蒸汽涡轮机提供动力，功率26万轴马力，最高航速超过30节（约56千米/小时）。“尼米兹”号和“德怀特·艾森豪威尔”号最初是作为攻击型核动力航母订购的，后来改建为标准型核动力航母。该级其他航母是“卡尔·文森”号（*Carl Vinson*）、“亚伯拉罕·林肯”号、“乔治·华盛顿”号、“约翰·斯坦尼斯”号（*John C. Stennis*）和“哈里·杜鲁门”号。每艘航母最多可搭载90架固定翼舰载机及直升机。

20世纪后半叶，世界局势动荡不安，美国政府经常派遣海军航母去支援有限军事行动，去争议水域确保自由航行权，去充当推行外交政策和外交活动的工具。1975年，商船“马亚圭斯”号（*Mayaguez*）被柬埔寨红色高棉政权非法扣留，美国海军陆战队前往营救，“萨拉托加”号航母舰载机联队在此次行动中执行空中掩护任务。1983年10月，“独立”号航母战斗群出动，支援在加勒比海格林纳达岛开展的登陆行动。同年下半年，因叙利亚发动的军事行动威胁到黎巴嫩的政治稳定，“独立”号返回东地中海，针对该军事行动发动空袭。1988年，在伊朗和伊拉克所谓的“油船战争”期间，“独立”号护送1艘悬挂科威特国旗的油船通过波斯湾，并释放战机，将敌对的伊朗海军护卫舰击沉1艘，击伤1艘。

这张照片摄于1980年。画面中，在美国海军核动力航母“尼米兹”号的机库甲板上，舰员正在对RH-53“海上种马”直升机进行维护保养。尼米兹级航母长1092英尺（约333米），满载排水量约10万吨，是当今世界体积最大的现役军舰。CH-53重型运输直升机已于2012年从美国海军退役，但仍在世界其他国家服役。（美国国防部）

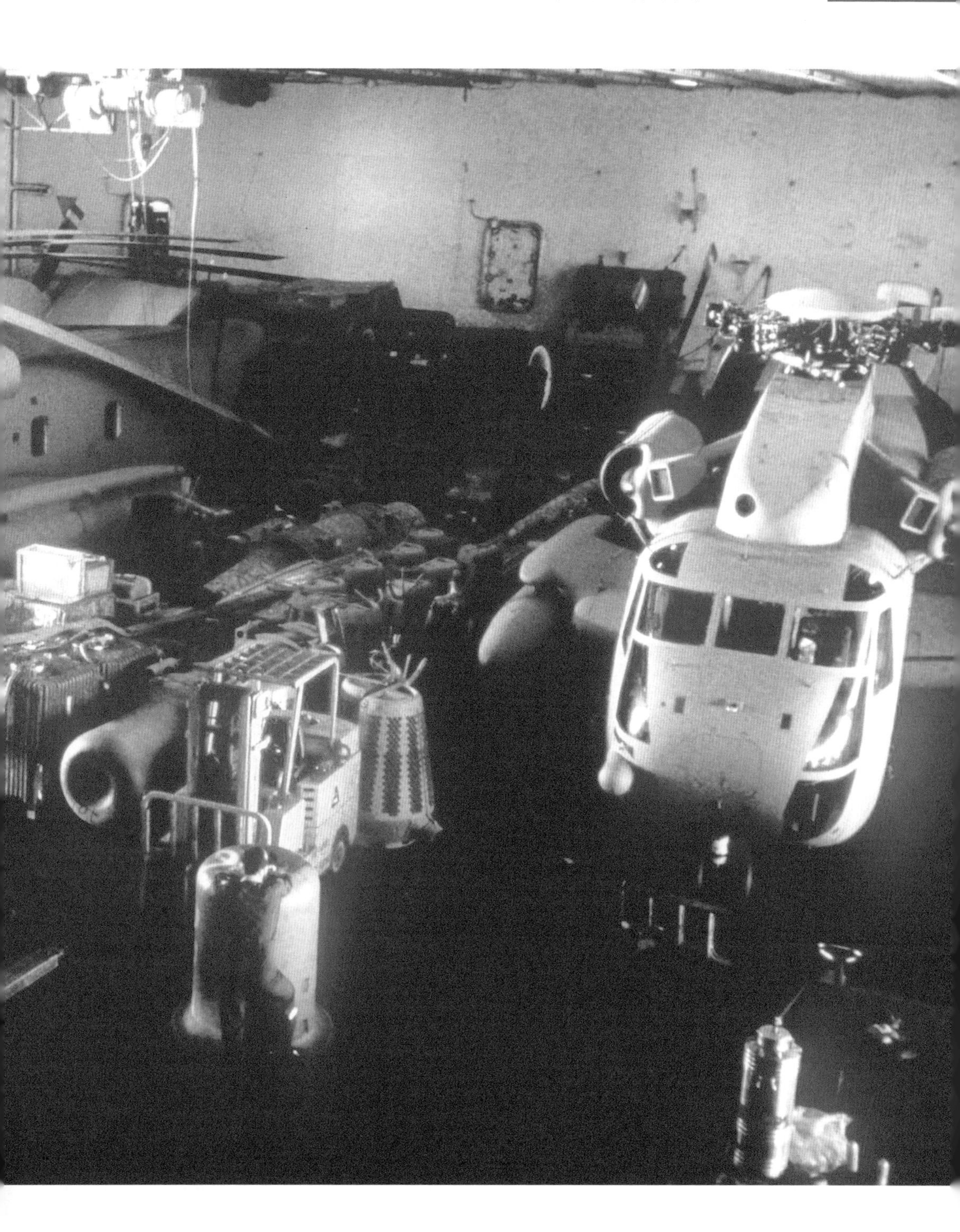

美国海军“约翰·肯尼迪”号航母飞行甲板上停放着第3舰载机联队的几架飞机。1986年3月12日，这艘航母正在风浪中航行，可以看到舰上各类舰载机，其中包括：（近处）1架洛克希德S-3A“北欧海盗”反潜机、（从近往远数第4架）1架格鲁曼EA-6B“徘徊者”电子战机，以及数架格鲁曼A-6E“入侵者”攻击机。（美国国防部/美国海军摄影师菲尔·威金斯[Phil Wiggins]拍摄）

航母舰员正将小车上的导弹挂载到格鲁曼 F-14“雄猫”战斗机上。他们所在的航母是美国海军福莱斯特级航母“萨拉托加”号。这张照片摄于 20 世纪 80 年代的锡德拉湾，当时美国海军正在各处争议水域强制行使自由航行权，图为在利比亚沿海发动的三次军事行动之一。(生活图片集/盖蒂图片社)

1972 年，在英国皇家海军大胆级航母“皇家方舟”号的飞行甲板上，停放着第 892 航空中队的一架麦道 FG1“鬼怪”喷气式战斗机。“皇家方舟”号于 1955 年入役，1980 年被拆解出售。（美国国家海军航空博物馆 /1996.253.7324.004 号）

20 世纪 80 年代，利比亚统治者卡扎菲（Muammar Qaddafi）在锡德拉湾附近海域，将超出公认 12 海里（约 22 千米）的区域划为领海，宣布设立“死亡线”，美国海军则采取行动，以确保自身航行自由。美军先后开展三次旨在确保航行自由的军事行动。第一次是 1981 年 8 月 19 日，“尼米兹”号和“福莱斯特”号航母释放格鲁曼 F–14“雄猫”战斗机，以反制利比亚战机的进攻行动，“尼米兹”号所部飞行员在此期间击落了 2 架苏制的苏 –22 战斗机。

1986 年 3 月，美军航母“美利坚”号、“珊瑚海”号和“萨拉托加”号再次挑战利比亚对锡德拉湾的主权。利比亚向“美利坚”号释放的 2 架“雄猫”战斗机发射了地对空导弹，美军的 A–6 和 A–7 攻击机及水面舰船立刻还击，击沉利比亚 1 艘海军护卫舰和 1 艘巡逻艇，击伤另外 2 艘舰艇。美军还发动空袭，炸毁了利比亚的地对空导弹基地。1989 年 1 月 4 日，在第三次锡德拉湾事件中，美军航母“约翰 · 肯尼迪”号释放“雄猫”战斗机，击落了 2 架利比亚的米格 –23 战斗机。

1982 年春，发动政变上台的阿根廷军政府占领了福克兰群岛（马岛）。尽管这座南大西洋群岛以前一直都是英国领土 [4]，但阿根廷不顾这一事实，对其声索主权。英国做出响应，派遣部队夺回该群岛，一同前往的还有一支海军特遣舰队。这支舰队的主力是本应到期退役的老将“竞技神”号，以及刚刚入役的新兵“无敌”号（*Invincible*）轻型航母。无敌级航母共有 3 艘，于 1980 至 1985 年入役，“无敌”号是首舰，其他 2 艘分别是“光辉”号和“皇家方舟”号。

1982 年 4 月 4 日，“竞技神”号和“无敌”号从英格兰朴次茅斯出发，开始向福克兰群岛远航。次月，战争骤然升级。福克兰群岛处于阿根廷陆基飞机的打击范围之内，而对于英国来说，最主要的担忧是皇家海

COLES
DANGER
81RN80

1982年英阿马岛战争期间，英国皇家海军“竞技神”号航母远航南大西洋，照片中是舰员和飞行员在飞行甲板上休息的情形。因为福克兰群岛归属问题，英军与阿根廷武装部队爆发了短暂但激烈的冲突，冲突期间“竞技神”号及2.2万吨的无敌级轻型航母首舰“无敌”号所搭载的航空力量，在战斗中发挥了决定性作用。（赫尔顿档案/盖蒂图片社）

英国在 1982 年马岛战争中取胜后，英国皇家海军“无敌”号航母返回母港朴次茅斯，受到救火船、拖船和游艇的夹道欢迎。“无敌”号是排水量 2.2 万吨的无敌级航母的首舰，于 2005 年退役。（英国国防影像网）

1982 年英阿马岛战争期间，英国皇家海军“竞技神”号航母上，一架英国宇航“海鹞”多功能攻击机正从滑跃甲板上起飞。“竞技神”号是英国皇家海军半人马座级航母的末舰，于 1959 年 11 月入役，1986 年被出售给印度海军。（英国帝国战争博物馆 / 盖蒂图片社）

军所能部署飞机的数量。“竞技神”号搭载了皇家海军航空部队 16 架“海鹞”FRS1 垂直短距起降攻击机，10 架鹞式 GR3 对地攻击机，以及 10 架“海王”直升机。“无敌”号搭载了 8 架“海鹞”攻击机和 10 架“海王”直升机。为帮助“海鹞”起飞，无敌级航母安装了俗称“跳台滑雪助滑道”的滑跃起飞斜坡甲板。

阿根廷的战机击沉了英国的 2 艘驱逐舰和 2 艘护卫舰，如果英国再损失 2 艘航母中的任何一艘，全盘军事行动都将面临严重危机。但 1982 年 6 月 14 日，战争结束，英国获胜，这期间损失 10 架“海鹞”。如果没有英国皇家海军航母提供航空力量，英国政府是无法收回福克兰群岛的。

从越战后到 20 世纪 80 年代，航母一直部署于世界各地。尽管呼吁国防预算紧缩和反对航母的声音不时出现，但航母及其舰载机所接受的现代化改造从未间断。航母已经证明了自身存在的意义，并在这个过程中一直保持着自己在汪洋大海上的统治地位。

注释

[1] “海军上将哗变”（Revolt of the Admirals）事件的背景是，第二次世界大战后美国愈发重视核力量，刚刚独立成军的空军成为负责投放核武器的主力军种，全面压制海军。海军的“超级航母”项目被砍，经费全面压缩，于是展开反击。许多海军知名将领纷纷辞职以示抗议。阿利·伯克（Arleigh A. Burke）海军上将率领 OP–23 研究小组，攻击新任防长约翰逊（Louis Johnson）及空军的 B–36 战略轰炸机计划。丹尼尔·加勒里（Daniel V. Gallery）海军少将在美国国内公开抨击新任防长约翰逊和空军。其结果是，约翰逊将加勒里诉至军事法庭，众议院军事委员会也对整个事件展开调查，最终结果对空军有利，多名海军高官受到牵连，海军全面落败，此事被称为“海军上将哗变”事件。

[2]　“海军上将哗变”事件后，空军全面占据上风，“美国”号航母建造工作停止。但不久朝鲜战争爆发，美军准备投放空中力量以阻止朝鲜攻势，却发现飞机航程范围内没有合适的陆上起飞点，只得派遣海军航母奔赴战场。此外在仁川登陆中，航母同样发挥极大作用。美国立即改变策略，大力支持海军建设，特别是航母的建造工作。然而，海军在为新航母的级别及首舰命名时，选用在此期间辞职并自杀的前国防部长福莱斯特的名字，值得玩味。

[3]　福特级航母首舰“杰拉尔德·福特”号已于 2017 年 7 月 22 日入役。

[4]　英阿两国对马尔维纳斯群岛的主权存在争议，这里仅为作者的观点。

2012 年 7 月 10 日，战机掠过美国海军尼米兹级航母“德怀特·艾森豪威尔”号上空。1990 年 8 月伊拉克入侵科威特之际，“德怀特·艾森豪威尔”号是首批进入红海的美国军舰之一。（美国海军、二级大众传播专家朱莉亚·卡斯珀 [Julia A. Casper] 拍摄）

1990 年至今

第六章 征战与救援

1990 年 8 月 2 日，伊拉克统治者萨达姆·侯赛因（Saddam Hussein）出兵侵略邻国科威特，美国海军“独立”号航母打击群在同一天奉命进入阿拉伯海，加强美国在中东动乱地区的军力存在。

针对伊拉克的入侵，美国一开始是按照标准程序响应的。海军对此责无旁贷。命令下达至“独立”号航母打击群一周之后，埃及政府同意“德怀特·艾森豪威尔”号航母通过苏伊士运河进入红海。同时，“萨拉托加”号航母打击群、“威斯康星”号战列舰、“仁川”号直升机母舰及一个准备迎敌作战的美国海军陆战队营，奉命前往该地区。

在弗吉尼亚州纽波特纽斯诺格造船厂第 12 号干船坞，美国海军尼米兹级航母“乔治·布什”号正在建造当中。“乔治·布什”号是 10 艘尼米兹级航母中的最后 1 艘，2003 年开工，2009 年 1 月入役。请注意照片前景，工人在球鼻型舰艏上写下了签名首字母和文字。（美国海军）

美国海军按照既往惯例，迅速展开行动，以超级航母为先锋，在伊拉克及其非法占领地区周围建立起一道海空封锁线。很快，美军通过越战以来最大规模的海上运输，加上世界各国响应，集结起一支世界上从未有过的军队。美国海军再次证明，航母是持续将战机运送至潜在战斗区域的最有效手段，注定要在组建联军部队和将侯赛因的军队赶出科威特等方面发挥关键作用。

当众所周知的“沙漠风暴行动”开始时，美军已有 6 艘航母集结于波斯湾地区，其中“西奥多·罗斯福”号、“美利坚”号、“约翰·肯尼迪”号和“萨拉托加”号位于红海，“突击者”号和服役 36 年的“中途岛”号

“沙漠盾牌行动”期间，联军在陆、海、空三个方面所建立的压倒性优势在随后的“沙漠军刀行动”中展现了出来。图为2架麦道F/A–18“大黄蜂”多功能战斗机疾速掠过美国海军航母上空，可以看到甲板上的其他F/A–18和几架格鲁曼F–14“雄猫”空中优势战斗机。（美国国防部）

美国海军在最后一艘常规动力航母“小鹰”号上列队稍息，等待检阅，他们背后是舰岛上醒目的舷号。在“小鹰”号服役的48年中，有13年是随美国海军唯一一支前沿部署的航母打击群驻守日本横须贺。在其服役生涯中，“小鹰”号曾在20世纪60年代的越南战争和2001年的“持久自由行动”中被部署作战。（美国海军）

位于波斯湾。这 6 艘航母能够将 300 多架战机和无数弹药、常规炸弹、导弹以及当时的高科技“智能”武器释放到空中。

“沙漠风暴行动”的地面作战阶段于 1991 年 2 月 24 日发动。但在此之前，海军航空力量已对伊拉克部队进行了长达 39 天、每天 24 小时的不间断轰炸，大大削弱了敌军实力。经过 100 小时的地面作战，联军取得了决定性胜利。此次大规模军事行动中，海军战机出动了飞机总架次的 40% 左右。在执行“沙漠风暴行动”的联军中，18 个国家出兵组建的海军航空部队具有压倒性优势，在水面和空中作战中将伊拉克海军彻底摧毁。

航母在夺取完全胜利中所起到的作用显而易见，海军飞行员也付出了不菲的代价。斯科特·斯派克（Scott Speicher）上尉是美军在海湾战争中牺牲的第一人。在“沙漠风暴行动”的第一天夜里，他驾驶的 F/A–18“大黄蜂”战斗机被 1 枚伊拉克地对空导弹击落。杰弗里·佐恩（Jeffrey Zaun）上尉在驾驶 A–6“入侵者”攻击机时也被击落，在伊拉克电视镜头前游街示众，被俘 47 天后才得以获释。这 2 名飞行员都是从“萨拉托加”号航母起飞的。

常规动力航母为“沙漠盾牌行动”和“沙漠风暴行动”等提供了绝大部分支援。而 10 艘尼米兹级核动力航母的建造工程，从首舰到末舰“乔治·布什”号于 2009 年最终入役，跨度足足 50 年。同年，最后一艘美国海军常规动力航母“小鹰”号退役。在日本横须贺海军唯一的前沿部署航母打击群服役 13 年后，“小鹰”号于 2008 年被“乔治·华盛顿”号航母接替，而“罗纳德·里根”号航母则计划于 2014 年去接替“乔治·华盛顿”号。

尼米兹级航母是工程学上的奇迹，它的设计服役寿命为 50 年。服役

在画面中，美国海军航母“小鹰”号与其他军舰共同实施海上行动。“小鹰”号于 2009 年退役，服役时间近半个世纪。麦道 F/A–18“大黄蜂”攻击机和其他战机停放在飞行甲板上，穿着各色醒目外套的航空人员聚集在甲板前端。（美国海军）

日本横须贺港，在美国海军尼米兹级航母“乔治·华盛顿”号的飞行甲板上，停放着海军各类固定翼飞机和直升机。2008 年，从 1992 年 7 月 4 日独立日开始服役的“乔治·华盛顿”号替代“小鹰”号，成为美国海军前沿部署航母打击群的主力军舰。(美国海军)

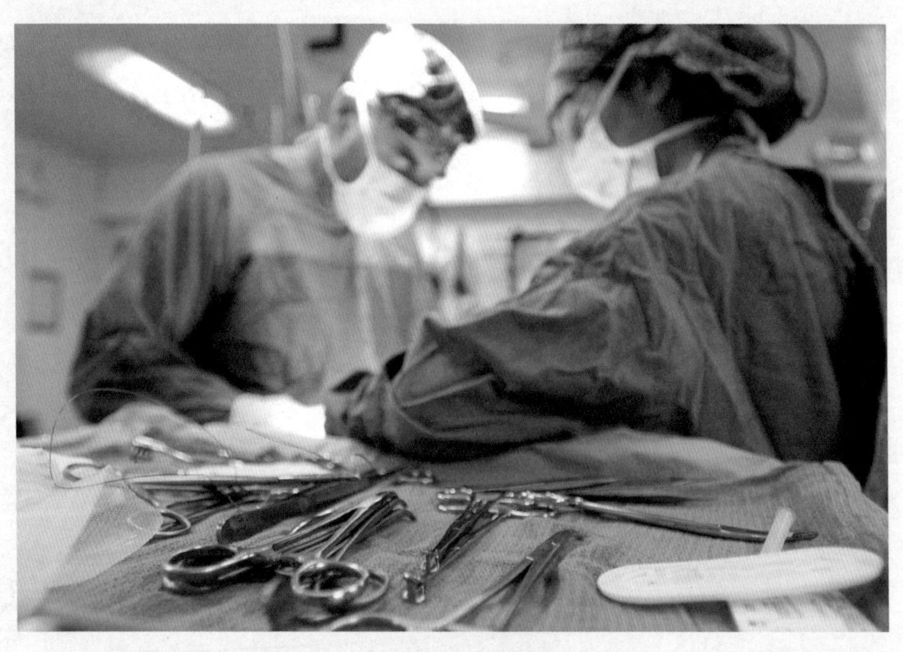

外科医生和技师正在美国海军航母上的医院中进行手术。尼米兹级航母上的医院有 53 张床位和外科手术工具，医护人员包括 6 名医生、5 名牙医及众多护士和技师。(美国海军图片)

在美国海军尼米兹级航母“约翰·斯坦尼斯”号上，厨师正在为感恩节的晚餐准备火鸡切片。在部署期间，尼米兹级航母上装载的冷藏和干货食物足够6000人食用70天，无须中途补给。（美国海军）

弗吉尼亚州纽波特纽斯的诺格造船厂第 12 号干船坞，最后一艘尼米兹级航母“乔治·布什”号正在建造当中。这张照片摄于夜间，能够清楚地看到巨大的舰体，以及像迷宫一样的内部空间和通道。第 12 号干船坞是西半球最大的同类干船坞。“乔治·布什”号以模块化的方式分段建造，为期 6 年，完工时造价为 62 亿美元。（美国海军）

美国海军尼米兹级航母“乔治·布什”号上，在飞行甲板舰员发出起飞信号后，VFA-15 攻击战斗机中队的一名飞行员准备驾驶麦道 F/A-18“大黄蜂”多任务战斗机起飞。VFA-15 攻击战斗机中队的基地位于弗吉尼亚州弗吉尼亚海滩欧希安纳海军航空站。（美国海军）

期间，2 座核反应堆只需在去纽波特纽斯造船厂进行中期大修时更换一次燃料棒即可。该级航母从龙骨到桅杆的高度为 244 英尺，相当于一座 24 层大楼。每艘航母上配有 3000 台电视和 2500 台电话，空调制冷能力为 2250 冷吨[1]，足够为 500 个家庭降温。舰上医院配备有当时最先进的医疗设备，53 张床位、6 名医生、5 名牙医和众多护士。作战部署时，航母携带的干货和冷藏食物可供 6000 人食用 70 天。一艘尼米兹级航母上的邮局每年要处理 100 多万磅的邮件。

美国海军尼米兹级航母“西奥多·罗斯福”号上，飞行甲板舰员正在引导一架麦道 F/A-18“大黄蜂”战斗机进入指定位置，准备弹射起飞。黄色外套说明该名舰员是飞行管理官。（美国国防部）

左图：美国海军尼米兹级航母“罗纳德·里根”号上，身穿不同颜色外套的舰员正在擦洗飞行甲板。“罗纳德·里根”号由弗吉尼亚州纽波特纽斯诺格造船厂建造，2001 年下水，2003 年 7 月入役。2014 年，“罗纳德·里根”号奉命接替“乔治·华盛顿”号，部署至驻日本横须贺的第 7 舰队航母打击群。此前，“罗纳德·里根”号曾在“伊拉克自由行动”及“持久自由行动”中部署出动。（美国海军）

下图：美国海军“尼米兹”号航母上，舰员身穿冬装，正在扫除飞行甲板上的积雪。“尼米兹”号是同级 10 艘核动力航母的首舰，预期服役寿命 50 年，1972 年 5 月下水，1975 年入役。尼米兹级航母在整个服役期内，仅需在服役 25 年左右进行整体大修的时候，更换一次燃料棒即可。（美国海军）

美国海军尼米兹级航母“西奥多·罗斯福”号飞行甲板上空，一架西科斯基 SH-60“海鹰”直升机正在盘旋。“西奥多·罗斯福”号是第一艘模块化分段建造的航母，其子型号在结构上均有微调，并加强了对弹药库区域的防护。“西奥多·罗斯福”号于 1986 年 10 月 25 日入役，曾在海湾战争和“持久自由行动”中部署出动。（美国国防部）

2012年，在弗吉尼亚州诺福克亨廷顿·英戈尔斯造船厂，挂有彩旗的舰岛被悬吊在核动力航母“杰拉德·福特”号的飞行甲板上方，准备在舾装仪式结束后安装到舰体上。尼米兹级航母即将退役，被10艘核动力航母所替代，“杰拉德·福特”号便是这批航母的首舰。另外2艘拟建的福特级航母已被命名，它们是“约翰·肯尼迪”号和“企业”号。（美国海军）

尼米兹级航母有3种子型号，虽然外观设计和装备变化不大，但也足以分辨出来。“西奥多·罗斯福”号于1986年入役，是第一艘模块化分段建造的航母，也是同名子型号的首舰。该级别的航母在结构上进行了微调，加强了对弹药库区域的防护。“罗纳德·里根”号和“乔治·布什”号属于第3种子型号罗纳德·里根级，采用了许多节约成本和创新的设计，包括全新设计的舰岛。“乔治·布什”号采用了后续福特级航母的一些设计，即升级雷达及其他电子和环境设备，采用球鼻型舰艏，并改进了推进器。大部分尼米兹级航母的单艘造价约为 45 亿美元，“乔治·布什”号的最终采购价约为 62 亿美元。

当最后一艘尼米兹级航母在纽波特纽斯完工时，下一代航母的建造计划正在向前推进：它可以让美国海军的这种主力舰型，在 21 世纪中期之后仍能发挥作用。福特级航母预估造价为 128 亿美元，是 20 世纪 60 年代中期设计尼米兹级航母之后，首款整体重新设计的航母。

虽然高昂的造价使美国国会议员以及民众有理由将其叫停，但从长远来看，福特级航母将在未来的国防预算中节省大笔资金。3 艘拟建的福特级航母预计服役 50 年，服役期间，每艘在维护、保养和作战行动成本等方面预计可节省 40 亿美元，因为与尼米兹级航母相比，它们将减少舰员 700 名，减少航空联队人员 400 名。它们将使用电气设备，不再需要产生蒸汽和使用管道，从而降低维修需求，减少设备表面腐蚀。

另外，全舰各处均采用了最新技术，其中就有新型 A1B 核反应堆，这种设计体积更小，效能更高，可提供的电力是尼米兹级航母 A4W 反应堆的 3 倍。电磁弹射系统使用线性电机产生的推力来弹射飞机，不再使用蒸汽活塞系统。先进拦阻装置系统以模块化方式集成了能量吸收器和功率调节装置，取代了尼米兹级航母采用的马克 -7 拦阻索。

也许，福特级航母最引人注目的地方，就是其预期能将舰载机联队的能力最大化——这正是航母存在的理由。新的航母系统在设计上优化了舰载机出动架次率，释放飞机的效率比尼米兹级航母高 33%。

2008 年 9 月 10 日，美国海军向纽波特纽斯造船厂订购了首艘福特级航母。2009 年 11 月 13 日，“杰拉德·福特”号开工建造，2013 年 11 月 9 日下水，2017 年 7 月正式服役。另外有 2 艘拟建的同级航母，分别是“约翰·肯尼迪”号和“企业”号。[2] 这些新航母长 1092 英尺（约 333 米），飞行甲板最大宽度 256 英尺（约 78 米），水线至桅杆高近 250 英尺（约 76 米）。它们满载时的排水量超过 11 万吨，核动力所能产生的航速最高可以超过 30 节（约 56 千米 / 小时）。编制舰员超过 4500 人，每艘可搭载至少 75 架战机。

福特级航母采用的新型装备和系统，大部分都是在 1995 年春退役的"美利坚"号航母上进行测试，然后加以改进的。虽然许多团体表示抗议，坚称希望能将"美利坚"号作为博物馆加以保留，但它还是被用来进行实弹火力测试，以帮助设计未来的航母。美军对"美利坚"号进行了水下爆炸和其他压力测试，并在完成评估之后将其沉入了海底。

核动力航母"杰拉德·福特"号停放在美国弗吉尼亚州纽波特纽斯的亨廷顿·英戈尔斯造船厂（前诺格造船厂）的船坞中。"杰拉德·福特"号于 2013 年 11 月下水，2017 年入役，排水量 11 万吨。福特级航母是有史以来舰体最大的航母。（美国海军）

2007年1月16日，在“杰拉德·福特”号的命名仪式上，已故总统福特的女儿苏珊·福特·贝尔斯（Susan Ford Bales）将航母与其舰员联系了起来：

“杰拉德·福特”号航母与另外一艘军舰及其舰员也有着极其独特的联系纽带。大家都知道，几年前，“美利坚”号被拖到大西洋进行一系列测试，以验证“福特”号航母项目中的关键部分。这些测试极其重要，因为只有如此才能使未来航母舰队的生存能力最大化。“美利坚”号和她的优秀舰员展现了出色的爱国主义情怀，以及对美国海军的无比忠诚。现在，他们的豪迈精神将在“杰拉德·福特”号上延续。我们深深地感谢“美利坚”号及其全体舰员，感谢这份厚礼，也感谢他们的奉献！

1993年，当总统比尔·克林顿登上“西奥多·罗斯福”号航母，拿起话筒介绍航母及海军的作用时，称它是美国外交政策的工具。“当华盛顿面对‘危机’一词时，”他说，“每个人都会脱口而出地问道‘最近的航母在哪儿？’这绝非偶然。”

不论是战争还是和平时期，美国海军都会是率先做出响应的部队，其响应核心就是航母打击群。美国海军舰队响应计划明确规定，30天内必须随时有6支航母打击群保持部署状态，或是准备出动，另外还必须有2支打击群能够在90天内出动。航母打击群由1艘航母及其舰载机联队，1艘或几艘提康德罗加级导弹巡洋舰，1至3艘阿利·伯克级导弹驱逐舰组成的中队，2艘洛杉矶级攻击型核潜艇，以及1艘后勤支援舰组成，能够在必要时投送军事力量或实施人道救援。这些护航军舰和潜艇能够执行多种任务，装备防空和反潜系统，具有发射“战斧”巡洋导弹的打击力量。

照片摄于傍晚时分。当时美国海军尼米兹级航母“西奥多·罗斯福”号正在执行部署任务，3 名飞行甲板舰员正在舰上交谈。停放在飞行甲板上的是格鲁曼 F-14“雄猫”战斗机。（美国海军）

以前，这些特遣舰队被称为航母战斗群，2004 年秋正式改名为航母打击群。算上驻日本横须贺的那支前沿部署打击群，美国海军在任何时候都有 11 支航母打击群在外行动。航母打击群执行任务的范围较广，主要是对进攻和防御力量进行集中的策划、整合、协调和控制，以支援各类空中、陆上和海上活动。这些活动既有直接打击任务，也有电子、反潜、反

美国海军尼米兹级航母“西奥多·罗斯福”号上，飞行甲板舰员正在引导格鲁曼 F-14“雄猫”空优战斗机进入弹射机位，准备起飞执行海上空中作战任务。1974 至 2006 年，F-14 战斗机是美国海军前线作战的航母舰载机。（美国海军）

水雷及两栖行动。

一般来说，现代航母就是一座“海上浮城”。实际上，航母与城市非常相似，可在较长时间内维持自身运转。航母舰长一般是海军上校，拥有海军飞行员资格。他们对军事行动的指挥，是通过十几个部门来实现的，即行政、航空、飞机临时维修、医疗、导航、作战、工程、通信、武器、

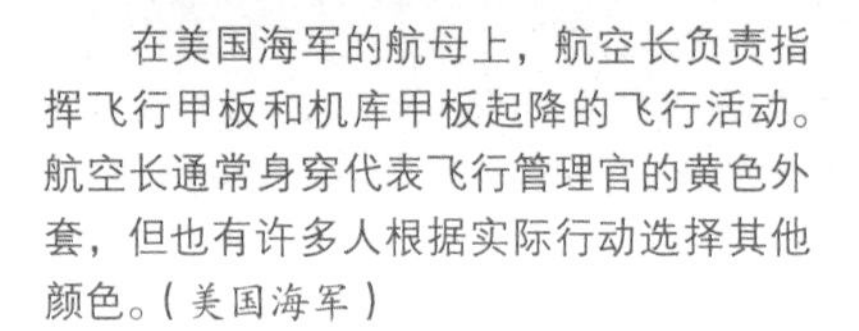
在美国海军的航母上，航空长负责指挥飞行甲板和机库甲板起降的飞行活动。航空长通常身穿代表飞行管理官的黄色外套，但也有许多人根据实际行动选择其他颜色。（美国海军）

凯文·奥弗莱厄蒂（Kevin O’Flaherty）海军上校是美国海军尼米兹级核动力航母“亚伯拉罕·林肯”号的执行官，他正在驾驶室与其他人通话，并查看报告。通常，执行官在航母指挥序列中居第二位。（美国海军）

供给、训练及其他部门。随舰部署的航母舰载机联队活动时，其职能划分与航母组织非常相似。该航空联队的指挥官负责航空联队行动的各个方面，负责与航母开展长期配合作战行动。该指挥官负责开展军事行动、水下作战、空中情报、武器和维护等。

在日常行动中，航母要员常驻舰桥。航母在海上航行的一切时间里，舰桥都是控制所有职能的主控区域。甲板军官负责导航、通信并执行当天的各项计划，值班军需官负责辅助导航并记录舰船日志。值班帆缆军士长负责管理各类舰员，即驾驶舰船的舵手、通报速度与发动机控制信息的副舵手和值更员。

主飞行控制室是航母开展航空行动的神经中枢，相当于普通机场的飞行控制塔台。航空长及其副官负责指挥全舰飞行甲板和机库甲板的飞机活动，并在最远500海里（约926千米）的范围内监控出动的飞机。其他承担专项任务的军官有弹射官、飞行管理官、着舰信号官、拦阻索官、飞机引导官等。航空行动必须极度精心设计，每个专职团队必须穿着某种颜色的外套，以便在飞机起飞、回收、移动、挂载弹药过程及其他关键区域识别舰员的任务分工。

虽然美国海军在航母研发和部署方面处于世界领先水平，不过全球各国海军也有多艘航母正在服役，还有一些国家正在被评估是否应当投资建造航母。

长期以来，英国皇家海军一直都在设计和建造航母领域不断探索创新。斜角飞行甲板、蒸汽弹射器、光学助降系统、滑跃起飞斜坡甲板及其他许多创新，都起源于英军航母。2014年，英军最后一艘排水量2.2万吨的无敌级航母“光辉”号退役，此后英军便暂时没有能够承担所有职能的现役舰队航母。20世纪60年代中期，英国皇家海军曾计划建造一种大型航母，后因故取消。不过30年后，人们明显意识到新一代航母是必不可少的。1998年春，一份由英国政府资助撰写的《战略防御审查报告》（Strategic Defence Review）指出，航空母舰可以提供出动进攻型飞机的能力，以防出现外国禁止使用其基地的情况；在外国基地虽然可用，但冲突初期通常难以实现的情况下提供一切必要的空间和基础设施；它还可以部署至局势动荡地区，发挥遏制和威慑的作用。

报告得出的结论是大力支持建造航母：

当前重点是提升进攻性空中力量，提升航母出动舰载机的能力，尽可能增加航程、扩大任务范围。当现役航母达到预期使用寿命时，我们计划以2艘体积更大的航母取而代之。现在，我们已经开始着手完善所提需求，但从当前考量来看，未来航母的排水量大约是3万至4万吨，最多应当搭载包括直升机在内的50架战机。

2艘拟建的航母开始进入设计阶段，这项工作的成果就是排水量6.5万吨的伊丽莎白女王级航母。设计完成后，该级两舰将成为英国有史以来体积最大的航母。首舰“伊丽莎白女王”号于2008年5月20日订购，2009年7月7日开工，2014年7月17日下水，2017年12月7日入役。它由6个船厂分别建造9个模块，最后在位于福斯湾的罗塞斯造船厂统一组装。同级次舰“威尔士亲王”号于2011年5月26日开工，2017年9月8日下水，2019年12月10日入役。截至2014年底，“威尔士亲王”号的建造工作已完成约40%。

这两艘航母的动力都是由2台大型罗尔斯·罗伊斯MT30燃气涡轮机和4台瓦锡兰柴油发电机组提供，最大航速超过25节（约46千米/小时）。建造时曾考虑使用核动力，但因成本过高而放弃。航母上层建筑有2座，1座前置舰岛用于导航，1座后置舰岛用作飞行控制中心。

伊丽莎白女王级航母在设计上采用标准弹射和拦阻装置飞行控制系统；不过，到目前为止它们仍未安装这些系统。标准编制舰载机40架：洛马F-35B“闪电II”垂直短距起降（短距起飞、垂直降落）多任务战斗机，以及奥古斯塔·韦斯特兰AW101“灰背隼”中型运输直

在福斯湾罗塞斯造船厂，英国皇家海军“伊丽莎白女王”号正准备安装后置舰岛。这艘航母排水量6.5万吨，为该级航母首舰，2017年完工，采用常规动力，和次舰“威尔士亲王”号同为英国皇家海军数十年来首批新造航母。（肯尼·威廉森[Kenny Williamson]/阿拉米实况新闻网）

HMS

在标志着“伊丽莎白女王”号的建造工作进入里程碑阶段的庆祝仪式上，英国皇家空军“红箭”飞行表演队飞过上空，释放出国旗颜色的彩烟。“伊丽莎白女王”号于2014年7月下水，2017年12月7日入役。（美国国防部/阿拉米图片社）

升机、AW159战场通用型直升机、波音“支奴干”双旋翼直升机和AW“阿帕奇”（波音AH–64“长弓阿帕奇”授权制造版）攻击直升机等各种旋翼机。

除了美国海军，世界上唯一现役的核动力航母是法国排水量3.8万吨的“戴高乐”号。它于1986年签订合同，1989年4月开工，1994年5月下水，2001年5月18日入役。它的最初命名是“黎塞留”号（*Richelieu*），但经过法国议员在巴黎激烈辩论之后，终以20世纪法国最著名的总统、军事统帅和政治家戴高乐之名为其重新命名。1999年海试后，该舰飞行甲板被稍作延长，以提高诺格E–2C“鹰眼”空中预警机的起降效率。后来，因螺旋桨叶发生故障，“戴高乐”号的正式入役时间延后了约5个月，建造工作也因故暂停4次，最终造价超过35亿美元。它的动力系统为2座K15压水反应堆和阿尔斯通61MW涡轮机，最大航速超过27节（约50千米/小时），可以在不更换燃料棒的情况下，以25节（约46千米/小时）速度连续航行5年。它的飞行甲板长约640英尺（约195米），总高度858英尺（约262米），宽211英尺（约64米）。

“戴高乐”号最多可搭载40架飞机，包括达索–宝玑“超级军旗”攻击机、达索“阵风”多任务战斗机、E–2C空中预警机、AS565“黑豹”欧洲直升机或NH90北约工业中型运输直升机。航母集成了泰雷兹SYTEX指挥控制系统，防空系统是可以有效拦截飞机和反舰导弹的欧洲防空SAAM（Surface Anti-Air Missile）导弹系统，以及8门20毫米奈克斯特20F2舰炮。法国建造第2艘航母的计划现已搁置，如果重启，将会建造新一级的航母。

二战后，法国海军携“阿罗芒什”号（*Arromanches*）航母重新步入世界舞台。该舰原为英国皇家海军的“巨人”号航母，曾在太平洋地区服役，1946 年被租借给法国海军，1951 年被出售给法国。“阿罗芒什”号曾经参加第一次印度支那战争和第二次中东战争，后改为反潜航母，1978 年被拆解出售。

20 世纪 50 年代，美军根据《共同防御援助法案》（Mutual Defense Assistance Act），将独立级轻型航母“贝劳伍德”号和“兰利”号转让给法国海军，法国将其重新命名为“贝劳森林”号（*Bois Belleau*）和“拉法叶”号（*La Fayette*）。服役数年后，两舰返回美国海军，被拆解出售。

二战后法国海军的首批航母是“克列孟梭”号（*Clemenceau*）和“福煦”号（*Foch*），每艘排水量均为 2.2 万标准吨。“克列孟梭”号于 1955 年 11 月在布雷斯特海军造船厂开工，2 年后下水，1961 年 11 月 22 日入役，为该级航母首舰。服役期间，它的编制舰载机最多可达 40 架，即法国达索“军旗 IV”战斗机、达索－宝玑“超级军旗”攻击机及美制“沃特”F–8“十字军战士”战斗机。

“克列孟梭”号曾参加 20 世纪 60 年代法国核武试验、1982 至 1984 年黎巴嫩内战、20 世纪 80 年代两伊战争、巴尔干地区动乱，以及“沙漠盾牌行动”和“沙漠风暴行动”等。服役 36 年后，于 1997 年退役，后被拆解。

“福煦”号 1960 年下水，3 年后入役，曾在黎巴嫩内战、锡德拉湾事件以及巴尔干地区动乱等事件中部署于地中海。当年美国海军拒绝与电影《红潮风暴》（*Crimson Tide*）制片人合作，因其相应镜头是在“福煦”号上拍摄的。2000 年，它被出售给巴西海军，被重新命名为“圣保罗”号（*São Paulo*），服役至今。

这是二战后法国首艘航母“阿罗芒什”号，原为英国皇家海军“巨人”号。它曾参加第一次印度支那战争和1956年的第二次中东战争，后改为反潜航母，1978年被拆解出售。（美国国家海军航空博物馆/1996.488.037.056号/罗伯特·劳森拍摄）

R91
L9015

法国航母“戴高乐”号锚泊在地中海港口土伦港，它是除美国外世界上唯一一艘现役核动力航母。该舰排水量 3.8 万吨，1994 年下水，2001 年入役。因螺旋桨叶断裂导致入役仪式推迟 5 个月。（布赖恩·扬森 [Brian Jannsen] 拍摄 / 阿拉米图片社）

航母生活

一艘航母上有5000多名舰员和航空人员，在漫长航行中，他们一直都把航母称作自己的家，但航母的日常生活管理是非常严格的。在航母上，他们各司其职，从做饭上菜、到在全球各处水域航行、再到撰写发给媒体的新闻稿，很多舰员每天都在忙碌。

那些负责机械室及机库甲板等舱内区域的舰员不会走上甲板，所以终日不见阳光。航母的内部空间极为宝贵，连接两层甲板的楼梯几乎是垂直的，需要接受一些训练才能轻松上下。军官通常会有单间，而士兵最多时有60人共用寝室，睡3层的上下铺。

舰员将个人物品放在狭小的储藏室及储物柜里。同寝室的舰员共用洗手间和装有卫星电视的公共区域。航母为舰员提供一些娱乐设施，比如卫星电话，以便他们在长时间部署时能与亲朋好友保持联络。

最新型的尼米兹级航母配有大型洗衣房，可放置9台重型洗衣机，2台用于洗涤特别衣物的小型洗衣机，11台烘干机和12台蒸汽熨烫机。每天有多个厨房保持运转状态，为3000多名舰员和舰载机联队的2500多名航空人员提供餐饮。

尼米兹级航母“哈里·杜鲁门”号上，负责飞行甲板控制的舰员正在为舰载机排位，为即将开始的行动做准备。飞机和载具的位置极为重要，直接影响到航空行动的效率及相关人员的安全。（美国海军）

MARINE
32
8
32
51

2008年，意大利海军排水量2.7万吨的“加富尔”号航母入役。该舰由6台柴油发动机和4台通用燃气涡轮机提供动力，功率8.8万轴马力，最高航速28节（约52千米/小时）。“加富尔”号最多可搭载30架飞机，但平时略少一些，包括8架AV8B鹞式垂直短距喷气战斗机及12架奥古斯塔·韦斯特兰EH101“灰背隼”空中早期预警直升机。意大利还有一艘排水量1.13万吨的小型航母“加里波第”号[3]，1985年入役，现为反潜航母，可搭载18架飞机，包括鹞式攻击机和奥古斯塔SH-3D反潜直升机（西科斯基“海王”直升机的授权制造版）。

苏联（及后来的俄罗斯）的航母概念与西方国家有所不同。20世纪60年代，苏联建造了2艘莫斯科级直升机母舰，后又设计了可搭载飞机的导弹巡洋舰，后者于

法国航母“福煦”号的飞行甲板上停放着6架达索“超级军旗”舰载攻击战斗机。“福煦”号于1960年7月下水，排水量2.2万吨，曾在黎巴嫩内战、“锡德拉湾事件”及20世纪90年代巴尔干战争中部署出动，后于2000年被出售给巴西海军，被重新命名为“圣保罗”号。（NU Collection/阿拉米图片社）

NAVE CAVOUR

左图：排水量2.7万吨的意大利航母“加富尔”号停泊港口，游客正在登舰参观。该舰于2008年入役，编制舰载机最多可达30架。2010年，海地发生地震，“加富尔”号部署出动，前往这个受灾岛国参加救援行动。（Gaetano56/CC BY-SA 3.0 授权共享）

下图：2004年，北约在摩洛哥沿海实施多国演习“雄鹰行动”（Operation Majestic Eagle）。画面中，参演的意大利航母“加里波第”号和土耳其护卫舰“盖迪兹”号正在大西洋水域航行。“加里波第”号于1985年入役，后改为反潜航母。（美国海军）

苏联海军的“基辅”号军舰，被大部分西方分析人士归类为航母，1972 年下水，3 年后入役。不过，苏联会以更加恰当的方式，称这艘排水量 3.052 万吨的军舰为载机巡洋舰。苏联解体后，俄罗斯政府于 1993 年将“基辅”号除役。这张航拍照片是从航母舰艉左舷拍摄的。（美国国防部）

1975 至 1990 年服役。虽然这些舰艇能够搭载旋转翼和固定翼飞机，而且西方一般也将其归类为航母，但俄罗斯却将其归类为载机巡洋舰，因为这些舰艇的主要作用是支援弹道导弹潜艇、水面舰艇及挂载反舰导弹的飞机，而不是向全球投送空中力量。

“基辅”号是基辅级载机巡洋舰的首舰，1970 年在乌克兰南部切尔诺莫尔斯基造船厂开工，1972 年下水，1975 年 12 月入役。该舰排水量 3.053 万吨，动力由 4 台蒸汽涡轮机提供，功率 14 万轴马力，最高航速 32 节（约 59 千米 / 小时）。它的编制舰载机最多为 32 架飞机和直升机，包括雅克 –38 垂直起降攻击战斗机和卡 25 或卡 27 反潜直升机。

“基辅”号是苏联北方舰队旗舰，曾参加无数次演习。不过，随着苏

雅克-38“铁匠”攻击战斗机正停放在“明斯克”号载机巡洋舰的飞行甲板上。它是苏联海军唯一一款垂直起降飞机。基辅级载机巡洋舰“明斯克”号于1978年进入苏联海军服役，1993年退役，后被出售给中国。（美国国防部）

联解体，该舰年久失修，并于1993年退役。另外，“明斯克”号（*Minsk*）、“戈尔什科夫海军上将”号（*Admiral Gorshkov*）及“诺沃罗西斯克”号（*Novorossiysk*）等3艘基辅级载机巡洋舰也已完工。“明斯克”号和“诺沃罗西斯克”号于1993年退役，“戈尔什科夫海军上将”号被出售给印度，重新命名为“维克拉玛蒂亚”号（*Vikramaditya*）。

“库兹涅佐夫海军上将”号（*Admiral Kuznetsov*）是该级两艘拟建军舰中的一艘，也是今天俄罗斯海军现役的唯一一艘载机巡洋舰。该舰于1981年春订购，1982年4月在乌克兰尼古拉耶夫黑海造船厂开工，1990年12月入役。该舰排水量4.3万吨，长1001英尺（约305米），宽236英尺（约72米），动力由8台增压锅炉和蒸汽涡轮机提供，功率20万轴马力，最高航速29节（约54千米/小时）。

“库兹涅佐夫海军上将”号最多可搭载32架飞机，包括苏33空中优势战斗机、米格29多任务战斗机、苏25近距空中支援机以及卡27多任务直升机。固定翼飞机可通过滑跃甲板起飞。虽然经费短缺导致行动受限，但“库兹涅佐夫海军上将”号还是在北极圈和地中海附近水域参加了无数次演习。在服役四分之一世纪之后，该舰即将进行延寿改装，预计整体大修后，可服役到2030年。

“瓦良格”号（*Varyag*）是库兹涅佐夫海军上将级载机巡洋舰的次舰，苏联解体时正在建造当中。第三舰为“乌里扬诺夫斯克”号（*Ulyanovsk*），开工后不久便被拆解。

俄罗斯载机巡洋舰“库兹涅佐夫海军上将”号的飞行甲板上，一架苏27“侧卫”海军攻击战斗机正在接受维护。“库兹涅佐夫海军上将”号于1990年12月入役，是俄罗斯海军目前唯一一艘现役载机巡洋舰，最多可搭载32架各型飞机。（俄通社－塔斯社图片部/阿拉米图片社）

65

多年来，西方观察人士已经发现，苏联对研发超级航母的兴趣与日俱增，但经济和政治上的不确定性却令这项计划中止。20世纪80年代中期，苏联订购了超级航母“乌里扬诺夫斯克”号，原本它应是该级航母的首舰。该舰于1988年11月开工，但3年后，仅完工20%的舰体被拆解，次舰的建造计划也被取消。

“乌里扬诺夫斯克”号的标准排水量接近7万吨，总舰长1030英尺（约314米），宽275英尺（约84米），比美国海军福莱斯特级航母大，但比尼米兹级航母小。该舰最多可搭载68架飞机，包括44架苏33和米格29战斗机、6架雅克44早期预警机和18架卡27直升机。

有迹象显示，俄罗斯对超级航母的兴趣可能会在近期再度萌发，如果新建，推测其排水量可能会超过尼米兹级航母，其舰载机联队所部飞机直升机的数量也会超过100架。

2014年春，英国皇家海军勇敢级防空驱逐舰“龙”号（*Dragon*，图片前景）尾随俄罗斯载机导弹巡洋舰“库兹涅佐夫海军上将”号航行。照片拍摄时，“库兹涅佐夫海军上将”号正率领一支特遣舰队在英国港口城市布雷斯特的沿海航行，准备进入英吉利海峡。（英国皇家海军）

063
035

航空行动中的颜色

现代航母的航空行动需要训练有素团队的精心规划、合作无间。在航母甲板上，至少需要 8 组舰员负责准备和实施舰载机的起降活动，每组舰员身穿不同颜色的醒目外套，以标明自己负责的特定职责。

航空长通常穿黄色外套，但也可能选择其他颜色。黄色外套代表飞行管理官、引导飞机在飞行甲板和机库甲板移动的飞机引导官，以及弹射和拦阻索官。绿色外套代表弹射和拦阻索员、航空联队维护和质量控制员、货物装卸员、尾钩操作员、摄影师助理、地面支援装备故障检修员、直升机着舰信号员。

白色外套代表质检员、安全观察员、液氧操作员、空运官、着舰信号官和中队飞机检查员，医疗救护员身穿带有红十字标志的白色外套。红色外套代表操作炸弹、导弹和弹药的爆炸物管理员，以及消防员、爆炸物处理员、飞机失事打捞救护员。蓝色外套代表接受黄色外套舰员领导的飞机管理实习人员和没有经验的飞行甲板工作人员，另外通信员和话务员、牵引车司机和飞机升降机操作员也穿蓝色外套。

紫色外套代表航空燃料操作员，棕色外套代表航空联队的飞机机长（各航空中队里负责飞机起飞前准备工作的人员）及航空联队负责飞机间距的士官。检查员穿黑色或白色外套。

在航空行动中，裤子颜色也可用来表示人员身份，但较简单。卡其色裤子代表军官或军士长，军士和士兵则穿海军蓝的裤子。

美国海军尼米兹级航母“亚伯拉罕·林肯”号上，身穿各色外套、在航空行动时承担不同职责的飞行甲板舰员正在集合。“亚伯拉罕·林肯”号于 1989 年 11 月入役。2004 年，印度尼西亚大片地区发生地震，该舰在救灾活动中发挥了重要作用。它曾在“伊拉克自由行动”及“持久自由行动”期间部署出动。（美国海军）

俄罗斯媒体已经报道了拟建航母的比例模型。但作为该国首次尝试建造一艘具备军队投送能力的真正航母，似乎将面临无数挑战。

当前，俄罗斯海军现役舰艇共有270艘，但据称能够正常出动的不足一半。有些国家可以提供港口设施供俄罗斯使用，但俄罗斯的外交决策部门在与这些国家发展关系时，工作是严重滞后的。随着美国和古巴的关系回暖，如果想在西半球找到一个欢迎俄罗斯的港口，最有可能的地点大约是在委内瑞拉境内。

不久前，一名分析人员在分析俄罗斯的航母发展前景时写道："超级航母本身并不是一种手段，而是一种投资。如果只建造超级航母，但没有相应的外交政策及支援航母的海外基地，就像在赌场买了几十亿美元的筹码，却并不下注一样。"

确实，对于部署航母的国家来说，航母是保护国家利益的主要工具。近年来，针对内战、种族灭绝、恐怖主义及商船自由航行权等全球热点问题，航母都在做出响应。正如美国前国务卿威廉·科恩（William Cohen）所说："如果你在前线没有部署军力，你的声音就会变小，影响力就会降低。"

2011年9月11日，当"基地"组织恐怖分子袭击美国纽约世贸中心和华盛顿五角大楼时，美国海军"企业"号航母刚刚完成自己的任务：支援"南方守望行动"（Operation Southern Watch），在伊拉克帮助维系禁飞区。当时，"企业"号正在印度洋上向南航行，准备返回弗吉尼亚州诺福克母港。在没有接到上级命令的情况下，"企业"号舰长下令调转船头，向阿拉伯海进发。在接下来的3周里，"企业"号以空中作战的方式支援了"持久自由行动"，对阿富汗塔利班和"基地"组织的目标发动空袭，出动飞机近700架次。

美国海军尼米兹级航母“约翰·斯坦尼斯”号甲板上，喷气式飞机弹射后的蒸汽环绕在负责航空行动的舰员周围。“约翰·斯坦尼斯”号于1995年入役，2013年春曾率领一支强大的美国海军航母打击群，为阿富汗地面作战提供支援。（美国海军）

从2001年10月到2014年12月，“持久自由行动”的时间跨度长达13年，考验着旨在打赢反恐战争的多国海军部队的实力。在阿拉伯湾，执行空袭任务的飞机从航母甲板上起飞，往返数千英里，执行打击伊拉克和阿富汗境内目标的任务。在“持久自由行动”的最初76天里，美军飞机执行飞行任务6500多次，其中有4900次是航母舰载机联队的海军航空兵及空军飞行员从航母上起飞完成的，约占任务总数的75%。2002年2月的第一周，美军飞机累计飞行2万架次，其中半数是海军飞机。

2013年3月，“约翰·斯坦尼斯”号航母打击群历时4个月，完成了为联军驻阿富汗地面部队提供空中支援的任务。当时，随舰编制的第9航母舰载机大队的飞行员已完成1200次任务，飞行时间长达7400小时。“我们一次任务也没有错过，每次都是一击命中目标，”航空联队队长戴尔·布尔（Dell Bull）海军上校宣布，“这是我们航空联队、打击群和航母全体人员的功劳。”

2001年12月1日，法国一支海军特遣舰队向阿拉伯海进发，它们是航母“戴高乐”号，护卫舰“让·巴特”号（*Jean Bart*）、“让·德·维埃纳”号（*Jean de Vienne*）和“拉莫特-毕盖”号（*La Motte-Picquet*），攻击型潜艇“红宝石”号（*Rubis*），油船“默兹河”号（*Meuse*）和通信舰“迪根司令”号（*Commandant Ducuing*）。“戴高乐”号搭载的“超级军旗”攻击机、“阵风”战斗机和侦察机执行了140次飞行任务，平均每天12次。

美国海军尼米兹级航母“哈里·杜鲁门”号和1艘支援舰正在远洋航行。几架麦道F/A–18“大黄蜂”攻击机停放在飞行甲板前部，格鲁曼F–14“雄猫”空优战斗机停放在舰艉。在2003年初的伊拉克战争中，包括“哈里·杜鲁门”号航母打击群在内的5个航母打击群都部署出动。(美国海军)

在1998至1999年的科索沃战争期间，多国海军部队对南斯拉夫部队进行了空中打击，出动舰艇包括英国的“无敌”号航母、意大利的“加里波第”号航母、美国的“西奥多·罗斯福”号航母和“奇尔沙治”号两栖攻击舰，以及法国的“福煦”号航母。

2003年春，当美国和联军部队集合力量以推翻伊拉克统治者萨达姆·侯赛因时，美国海军在该地区部署了5支航母打击大队，其中“哈里·杜鲁门”号和“西奥多·罗斯福”号在东地中海，“小鹰”号、“星座”号和“亚伯拉罕·林肯”号在波斯湾。甚至在战前和战后，美军几乎一直都有1艘航母在这个战乱地区保持存在。

在“持久自由行动”中，航母舰载机执行了大量空中作战任务。2003年3月，“尼米兹”号航母替换“亚伯拉罕·林肯”号，在为期6个月的行动中，有6500多架次飞机对萨达姆·侯赛因的部队实施打击，于当年秋季返回加州圣迭戈母港。“尼米兹”号航母打击群下辖的巡洋舰“普林斯顿”号和“乔辛”号（*Chosin*）、第23驱逐舰中队诸舰、护卫舰“罗德尼·戴维斯”号（*Rodney Davis*）和战斗支援舰“桥”号。在短短一个月的时间里，美军诸航母共出动飞机超过7000架次，一天的任务数量便超过200次。

2011年春，联合国安理会通过决议，授权各方使用武力来支持利比亚反政府军，由“戴高乐”号航母对利比亚统治者穆阿迈尔·卡扎菲的军队发动空袭。美国、英国、加拿大、卡塔尔、挪威、意大利、西班牙和丹麦等其他北约国家也提供舰艇和飞机支持。2015年初，“戴高乐”号与美国海军“卡尔·文森”号航母会合，对伊斯兰极端武装组织“伊斯兰国”（ISIS）发动空袭。

航母的主要任务是军事活动，但与之形成鲜明对比的是，它也经常承美国海军尼米兹级核动力航母“约翰·斯坦尼斯”号甲板上，2 架麦道 F/A-18“大黄蜂”攻击机起飞后正加速前进。在“持久自由行动”期间，“约翰·斯坦尼斯”号航母打击群为地面行动提供空中支援，并参加了多国舰队的行动。（美国海军）

1965年8月，美国海军埃塞克斯级航母“尚普兰湖”号（*Lake Champlain*）上，宇航员小戈登·库珀（Gordon Cooper, Jr.，右）和小查尔斯·“皮特”·康拉德（Charles “Pete” Conrad, Jr.）正在飞行甲板上行走。他们刚刚完成“双子星座5号”航天计划，在环绕地球8天之后平安返回。（NG图社/阿拉米图片社）

担人道援助和救灾任务。航母舰员和航空联队人员在公海上拯救过无数遇险的海员和平民。2007年，在下加利福尼亚半岛附近海域，美国海军“罗纳德·里根”号航母对一艘游轮发出的求救信号做出回应，派直升机将1名患急性阑尾炎的年轻人带回航母，再由随舰外科医生对其进行阑尾切除手术。2002年10月，游弋地中海的“戴高乐”号派出直升机，将3名在此沉船的水手安全救回。

早在问世之初，航母就一直发挥着救援作用。1929年，因干旱缺水，水电大坝无法产生足够电力，整整一个月，航母“列克星敦”号都在用舰上的涡轮发电机发电，为华盛顿州塔科马市提供了所需电力的30%。1954年和1955年，护航航母“塞班”号（*Saipan*）对遭受飓风和洪水侵袭的加勒比海伊斯帕尼奥拉岛和墨西哥实施救援，提供食物、医疗和淡水。

20世纪60和70年代，美国航天局的航天计划正处于发展巅峰，美国海军埃塞克斯级航母奉命出动，接回执行“水星”、“双子星”“阿

英国皇家海军“无敌”号航母飞行甲板上，停满了能够垂直起降的英国宇航“海鹞”攻击机。1982 年英阿马岛战争期间，“海鹞”多用途攻击机为英军部队带来巨大的优势。在 2005 年退役前，“无敌”号作为英国皇家海军旗舰，在巴尔干地区动乱和 2003 年伊拉克战争期间部署出动。（英国皇家海军）

波罗”等航天计划后返回地球的宇航员。1975年，在西贡失守及越南共和国政府倒台时，航母“中途岛”号和“汉考克”号出动，接走了7000名美国和越南平民。

一艘核动力航母上的海水淡化设备每天能够生产40万加仑（约151万升）淡水，舰上餐厅每天能够提供2万份食物。尼米兹级航母上的医疗人员有超过50名内科医生、外科医生、牙医和护士。在爆发人道危机时，如有需要，舰上病房可增至150个床位，并设立每间3床位的重症监护病房。

2004年，“亚伯拉罕·林肯”号航母对席卷东南亚的海啸做出响应，实施搜救行动，并向受灾地区空投物资。当海地发生里氏7.0级地震时，“卡尔·文森”号航母率先实施救援，提供医疗物资、食物和数千加仑（1加仑约为3.8升）饮用水。2011年，日本先后发生9级地震和巨大海啸，“罗纳德·里根”号航母开赴日本海岸提供援助。

2014年11月，美国海军“尼米兹”号航母游弋于太平洋上，一架航母舰载版的F-35C“闪电II”联合攻击战斗机正在实施首次航母舰基夜间行动。舰员正在尼米兹级航母独有的“集成式弹射控制站”（Integrated Catapult Control Station，也称“泡泡”）里观看训练。（美国海军/洛马公司/安迪·沃尔夫[Andy Wolfe]拍摄）

美国海军“罗纳德·里根”号航母上，一架格鲁曼C2“灰狗”运输机正从甲板上起飞。2011年初，日本发生9级地震和海啸，“罗纳德·里根”号及许多美国海军舰艇都做出响应，赶赴受灾地区。(美国海军)

UNITED STATES NAVY
VRC-30DET 5

2013 年 11 月，强台风肆虐菲律宾。“乔治 · 华盛顿”号航母率“安提坦”号和“考彭斯”号（*Cowpens*）巡洋舰、“马斯廷”号（*Mustin*）驱逐舰、“查尔斯 · 德鲁”号（*Charles Drew*）供应船及“拉森”号（*Lassen*）驱逐舰前往救援。第 5 航母舰载机联队出动，飞往该国偏远地区执行救灾任务，时间长达数周。

现代航母的多功能性及其提供重要服务的能力显而易见：除了提供安全和进攻性空中力量，威慑世界各地出现的侵略活动之外，还可以拯救人们的生命。

注释

[1] 1 冷吨≈ 1.4 匹，2250 冷吨可以为 5 万平方米左右的区域制冷。

[2] 截至 2017 年 12 月，“肯尼迪”号整体结构工程已完成 60%，计划 2019 年下水，2022 年交付；“企业”号 2017 年 8 月正式开工，进行首块钢板切割，是美国首艘采用“无纸化”生产设计的航母，计划 2028 年交付。

[3] “加里波第”号（*Giuseppe Garlbaldi*）航母现已退役。

结语：驶向未来

技术的持续进步将不可避免地导致某些武器平台走向没落，近年来航母已成为人们严肃讨论的焦点。随着先进反舰导弹的不断发展，作为潜在“航母杀手”的潜艇呈现隐身能力，以及无人侦察攻击机的问世，航母在敌方水域面临的危险是否已经超出了可以接受的程度呢？

在对世界各国持续发展航母的行为开展评估后，答案看起来是这样的：这种已知风险是可以接受的，因为它可以换取巨大的利益，为部署航母的各国海军带来好处。对美国而言，航母仍然是海上快速有效投送军力的主要工具。在形势高度紧张的地区，航母本身的存在就可以威慑侵略行为。

因此，航母是一种具有政治与军事价值的工具，可以立即展示自身实力以支持本国政府的外交政策。而且，航母至今仍然是横跨全球各大洋、将进攻性航空力量投放至任意地点的唯一可行方式。在国际水域航行的航母，就是悬挂国旗所代表国家的主权领土。它无须他国允许便可航行和作战。虽然友好的陆地基地可能不容易遇到，航母及其打击群可以在相当长的一段时间保持自给自足。

美军参联会前主席约翰·沙利卡什维利（John Shalikashvili）陆军上将曾对航母的价值做过简单明了的解释："每当我转身扭头向作战军官问道：'嗨，距离最近的航母在哪里'，如果他的回答是'就在事发地点'，我心里就会轻松许多。对美国利益而言，这就意味着一切。"

自从二战太平洋战场爆发航母大战以来，航母的战术作用已然进化。在过去的50年间，航母主要充当浮动机场，能够对舰载机航程范围内的陆上和海上目标进行空中打击。此外，航母舰载机还可对打击群所部舰艇和其他舰艇提供安全保护，支援持续的反潜作战行动。航母战术能力不断拓展，已经影响到它们的设计方案与建造经费，并使现代航母成为极少数国家（主要是美国）的禁脔。美国在评估航母的相对重要性时，需要考虑预算、技术、工业基础，以及作为超级大国的全球利益。

尽管如此，能够直接威胁航母的高新技术武器仍然有待持续评估。或许在遥远的未来，航母在面对密集阵式反航母武器时会变得完全不堪一击，以至于不论是国际水域还是其他水域，航母的安全水域都将变得十分有限。

通常，时间和距离可以决定最优军事选项。在不久前结束的"持久自由行动"中，这些因素都是显而易见的：由于没有大量的陆上基地可用，同时考虑到在中东和波斯湾部署陆基飞行中队所需要的时间，航母便成为能够长时间开展连续航空行动的唯一平台。参加"持久自由行动"的航母舰载机经常会在最大航程位置作战，虽然需要空中加油，但作战效果良好。

自航母出现以来，弹道导弹潜艇因为更容易在海面以下隐蔽潜行，所以已经取代水面主力舰艇，成为海军的核武器投送平台。在某些战术环境下，潜艇和小型水面舰艇也可发射巡航导弹，在远距离打击目标，无须再让飞行员或昂贵的飞机冒险。不过，航母还没有被认为是多余的。每年都有无数国家投资数十亿美元，用以新建航母并对现役航母进行升级改造。

在近一个世纪的时间内，航母改变了现代历史。在21世纪之后，航母的价值仍将继续存在。当前，航母仍然是水面上最强大的战舰，它们将与航母打击群的其他舰艇一起，继续在作战前线行动，充当向世界各地投送决定性空中力量的平台。

2009年7月的一个黎明，美国海军“乔治·华盛顿”号航母正在西太平洋航行，朝霞映衬着航母的侧影。当时，“乔治·华盛顿”号正在参加演习，目的是训练澳大利亚和美军部队，使之有能力策划和实施联合军事行动。技术进步使人们对航母的战斗力产生疑虑。不过当前，航母仍然继续在作战前线开展行动，是向世界各地投送决定性空中力量的主要手段。（美国海军、一级大众传播专家约翰·哈格曼 [John M. Hageman] 拍摄）

英国皇家海军“皇家方舟”号航母上，一架鹞式战斗机正准备从甲板上起飞。这张经过数字化处理的图像，显示的是飞行员所看到的景象。（英国国防影像网 / 瑞典 POA 摄影网乔纳森·哈姆雷特 [Jonathan Hamlet] 拍摄 / 英国国防部）

FIRE
YAL NAVY

译名对照表

人名	
Alexander Vraciu	亚历山大·弗拉丘
Andrew Cunningham	安德鲁·坎宁安
Arthur Johns	阿瑟·约翰斯
Arthur L. St. George Lyster	阿瑟·L. 圣乔治·利斯特
Arthur M. Longmore	阿瑟·M. 朗莫尔
Benito Mussolini	贝尼托·墨索里尼
Bill Clinton	比尔·克林顿
Billy Mitchell	比利·米切尔
Calvin Coolidge	卡尔文·柯立芝
Carl Norden	卡尔·诺登
Charles R. Samson	查尔斯·R. 萨姆森
Charlton Heston	查尔顿·赫斯顿
Chauncey Milton Vought	昌西·米尔顿·沃特
Chester W. Nimitz	切斯特·W. 尼米兹
Chikuhei Nakajima	中岛知久平
Chūichi Nagumo	南云忠一
Clark Burdick	克拉克·伯迪克
Clément Ader	克莱芒·阿德尔
Clifton A. F. Sprague	克利夫顿·A. F. 斯普雷格
David McCampbell	戴维·麦坎贝尔
David W. Taylor	戴维·W. 泰勒
Douglas MacArthur	道格拉斯·麦克阿瑟
E. H. Tennyson d'Eyncourt	E. H. 坦尼森·戴恩科特
Eastman Kodak	伊斯曼·柯达
Edwin H. Dunning	埃德温·H. 邓宁
Ernest J. King	欧内斯特·J. 金
Eugene B. Ely	尤金·B. 伊利
F. J. Rutland	F. J. 拉特兰
Forrest Sherman	福雷斯特·谢尔曼
Francis D. Foley	弗朗西斯·D. 福利
Francis Low	弗朗西斯·洛
Frank Jack Fletcher	弗兰克·杰克·弗莱彻
Franklin D. Roosevelt	富兰克林·D. 罗斯福
Frederick C. Hicks	弗雷德里克·C. 希克斯
George E. "Doc" Savage	乔治·E·"博士"·萨维奇
George Meyer	乔治·迈耶
George V	乔治五世
George Washington	乔治·华盛顿
Gerard Holmes	杰拉德·霍姆斯
Glenn Curtiss	格伦·柯蒂斯
Günther Lütjens	京特·吕特晏斯
Harry Truman	哈里·杜鲁门
Henry C. Mustin	亨利·C. 马斯廷
Henry Fabre	亨利·法布尔
Henry Fonda	亨利·方达

Henry Kaiser	亨利・凯泽
Herbert Smith	赫伯特・史密斯
Hiroaki Abe	阿部弘毅
Isoroku Yamamoto	山本五十六
J. W. Fornof	J. W. 福尔诺夫
James Hilton	詹姆斯・希尔顿
James M. Russell	詹姆斯・M. 拉塞尔
Jeffrey Zaun	杰弗里・佐恩
Jesse Oldendorf	杰西・奥尔登多夫
Jimmy Doolittle	吉米・杜立特
Jisaburō Ozawa	小泽治三郎
John Biles	约翰・拜尔斯
John K. Robison	约翰・K. 罗比森
John S. Thach	约翰・S. 撒奇
John Shalikashvili	约翰・沙利卡什维利
John Sullivan	约翰・沙利文
John Tovey	约翰・托维
Joseph F. Enright	约瑟夫・F. 恩赖特
K. W. Williamson	K. W. 威廉森
Kevin O'Flaherty	凯文・奥弗莱厄蒂
Kishichi Magoshi	板町岸地
Kiyohide Shima	摩志清英
Kiyoshi Ogawa	小川清
lexander Graham Bell	亚历山大・格雷厄姆・贝尔
Loben Maund	洛本・蒙德
Louis Denfeld	路易斯・登费尔德
Louis Johnson	路易斯・约翰逊
Marc A. Mitscher	马克・A. 米切尔
Matome Ugaki	宇恒缠
Minoru Genda	源田实
Mitsuo Fuchida	渊田美津雄
Muammar Qaddafi	穆阿迈尔・卡扎菲
Nobutake Kondō	近藤信竹
Oliver Schwann	奥利弗・施沃恩
Paul D. Stroop	保罗・D. 斯特鲁普
Philip D. Swing	菲利普・D. 斯温
Raymond A. Spruance	雷蒙德・A. 斯普鲁恩斯
Reginald Henderson	雷金纳德・亨德森
Robert E. Dixon	罗伯特・E. 狄克逊
Robert L. Ghormley	罗伯特・L. 戈姆利
Saddam Hussein	萨达姆・候赛因
Samuel P. Langley	萨缪尔・P. 兰利
Scott Speicher	斯科特・斯派克
Shigeyoshi Inoue	井上成美
Shōji Nishimura	西村祥治
Spencer Tracy	斯宾塞・屈塞
Stephen Jurika, Jr.	小史蒂芬・朱里卡
Susan Ford Bales	苏珊・福特・贝尔斯
Takeo Kurita	栗田健男
Takeo Takagi	高木武雄
Ted W. Lawson	特德・W. 劳森
Theodore Gordon Ellyson	西奥多・戈登・埃利森
Theodore Roosevelt	西奥多・罗斯福
Thomas C. Kinkaid	托马斯・C. 金凯德
Thomas Scott Baldwin	托马斯・斯科特・鲍德温
Truman J. Hedding	杜鲁门・J. 赫丁
Washington Irving Chambers	华盛顿・欧文・钱伯斯
Wilfred Hardy	威尔弗雷德・哈迪
William A. Moffett	威廉・A. 莫菲特
William Allen Rogers	威廉・艾伦・罗杰斯
William Cohen	威廉・科恩
William F. "Bull" Halsey	威廉・F. "公牛" ・哈尔西
Willis Lee	威利斯・李
Winston Churchill	温斯顿・丘吉尔
Wright Brothers	莱特兄弟
Yasunori Seizō	安则盛三
地名	
Albany	奥尔巴尼
Baddeck	巴德克
Barrow	巴罗

Barrow-in-Furness	巴罗因弗内斯
Belfast	贝尔法斯特
Bellows Field	贝洛斯机场
Bethpage	贝瑟特
Bougainville	布干维尔岛
Brest	布列斯特
Brooklyn Navy Yard	布鲁克林海军造船厂
Cape Engaño	恩加尼奥角
Cammell Laird	卡梅尔・莱尔德造船厂
Cape Hatteras	哈特拉斯角
Caroline Islands	加罗林群岛
Cavendish Dock	卡文迪什码头
Chesapeake Bay	切萨皮克湾
Clydebank	克莱德班克
Corpus Christi	科珀斯克里斯蒂
Cuxhaven	库克斯港
Dardanelles	达达尼尔海峡
Devonport	德文波特
Étang de Berre	贝尔湖
Ewa Marine Corps Air Station	埃瓦海军陆战队航空站
Firth of Forth	福斯湾
Ford Island	福特岛
Gilberts	吉尔伯特群岛
Governor' s Island	总督岛
Guadalcanal	瓜达尔卡纳尔岛
Gulf of Sidra	锡德拉湾
Haiphong	海防港
Hammondsport	哈蒙兹波特
Harland and Wolff Ltd.	哈兰德与沃尔夫造船厂
Hawaii	夏威夷
Henderson Field	亨德森机场
Hickam Field	希卡姆机场
Hispaniola	伊斯帕尼奥拉岛
Hitokappu Bay	单冠湾
Huntington Ingalls yards	亨廷顿・英戈尔斯造船厂

Ilu River	伊卢河
Ishigaki	石垣
Isle of Man	马恩岛
Iwo Jima	硫磺岛
John Brown & Co.	约翰・布朗造船厂
Kaneohe Naval Air Station	卡内奥赫海军航空站
Kawasaki Kobe Yard	川崎神户造船厂
Kawasaki shipyard	川崎造船厂
Kiel	基尔
Kitty Hawk	基蒂霍克
Kobe	神户
Kure Naval Arsenal	吴港海军基地
Kurile Islands	千岛群岛
Leningrad	列宁格勒港
Leyte	莱特岛
Lodmoor	洛德摩尔
Macon	梅肯
Majorca	马约卡岛
Majuro Atoll	马加罗环礁
Malta	马尔他岛
Mare Island Navy Yard	马里兰海军造船厂
Mediterranean Sea	地中海
Montrose	蒙特罗斯
Naval Air Station Oceana	欧希安纳海军航空站
New Britain	新不列颠岛
New Caledonia	法属新喀里多尼亚岛
New York Naval Shipyard	纽约海军造船厂
Newport News Shipbuilding	纽波特纽斯造船厂
Norfolk Navy Yard	诺福克海军造船厂
North Carolina	北卡罗莱纳州
Nova Scotia	新斯科舍省
Oahu	瓦胡岛
Okinawa	冲绳
Old Point Comfort	老波因特康弗特角
Orkney Islands	奥克尼群岛

Ormond Beach	奥芒德海滩
Pearl Harbor	珍珠港
Pensacola	彭萨科拉港
Philadelphia Navy Yard	费城海军造船厂
Port Moresby	莫尔兹比港
Portsmouth	朴次茅斯
Preston	普勒斯顿
Puget Sound Navy Yard	普吉特湾海军造船厂
Quaker State	贵格州（即宾夕法尼亚州）
Qui Nhon	归仁
Rabaul	拉包尔
River Medway	梅德韦河
River Mersey	默西河
Rosyth Dockyard	罗塞斯造船厂
Saka Shima	坂町
Samar	萨马岛
San Bernardino Strait	圣贝纳迪诺海峡
San Francisco Bay	旧金山湾
Santa Cruz Islands	圣克鲁斯群岛
Sasebo	佐世保
Saxony	萨克森州
Scapa Flow	斯卡帕湾
Schofield	斯科菲尔德
Selfridge	塞尔弗里奇
Solomons	所罗门群岛
Stettin	斯德丁
Surigao Strait	苏里高海峡
Taranto Harbor	塔兰托港
Tarawa Atoll	塔拉瓦环礁
Tjilatjap	芝拉札港
Tønder	岑讷
Toulon	土伦港
Tromsø	特罗姆瑟港
Truk	特鲁克岛
Tulagi	拉吉岛
Ulithi Atoll	乌利提环礁
Vickers Armstrong yards	维克斯·阿姆斯特朗造船厂
West Dunbartonshire	西丹巴顿郡
Weymouth Bay	韦茅斯湾
Yankee Station	扬基站
Yokosuka	横须贺
航母名	
Abraham Lincoln	“亚伯拉罕·林肯”号
Admiral Gorshkov	“戈尔什科夫海军上将”号
Admiral Kuznetsov	“库兹涅佐夫海军上将”号
Akagi	“赤城”号
Albion	“海神之子”号
America	“美利坚”号
Antietam	“安提坦”号
Argus	“百眼巨人”号
Ark Royal	“皇家方舟”号
Arromanches	“阿罗芒什”号
Audacious	“大胆”号
Bataan	“巴丹”号
Béarn	“贝亚恩”号
Belleau	“贝劳森林”号
Belleau Wood	“贝劳伍德”号
Bennington	“本宁顿”号
Bogue	“博格”号
Bon Homme Richard	“好人理查德”号
Boxer	“拳师”号
Bulwark	“壁垒”号
Bunker Hill	“邦克山”号
Cabot	“卡伯特”号
Carl Vinson	“卡尔·文森”号
Centaur	“半人马座”号
Charles de Gaulle	“戴高乐”号
Chitose	“千岁”号
Chiyoda	“千代田”号
Clemenceau	“克列孟梭”号

Colossus	“巨人”号
Constellation	“星座”号
Conte di Cavour	“加富尔”号
Coral Sea	“珊瑚海”号
Corregidor	“科雷吉尔多”号
Courageous	“勇敢”号
Dwight D. Eisenhower	“德怀特·D. 艾森豪威尔”号
Eagle	“鹰”号
Enterprise	“企业”号
Essex	“埃塞克斯”号
Foch	“福煦”号
Formidable	“可畏”号
Forrestal	“福莱斯特”号
Franklin	“富兰克林”号
Furious	“暴怒”号
Gambier Bay	“甘比尔湾”号
George H. W. Bush	“乔治·H. W. 布什”号
George Washington	“乔治·华盛顿”号
Gerald R. Ford	“杰拉尔德·R. 福特”号
Giuseppe Garibaldi	“加里波第”号
Glorious	“光荣”号
Glory	“荣耀”号
Graf Zeppelin	“齐伯林伯爵”号
Hancock	“汉考克”号
Harry S. Truman	“哈里·S. 杜鲁门”号
Hercules	“大力神”号
Hermes	“竞技神”号
Hiryū	“飞龙”号
Hiyō	“飞鹰”号
Hornet	“大黄蜂”号
Illustrious	“光辉”号
Implacable	“怨仇”号
Indefatigable	“不倦”号
Independence	“独立”号
Indomitable	“不屈”号

Intrepid	“无畏”号
Invincible	“无敌”号
John C. Stennis	“约翰·C. 斯坦尼斯”号
John F. Kennedy	“约翰·F. 肯尼迪”号
Junyō	“隼鹰”号
Kaga	“加贺”号
Kearsarge	“奇尔沙治”号
Kiev	“基辅”号
Kitkun Bay	“基特昆湾”号
Kitty Hawk	“小鹰”号
La Fayette	“拉法叶”号
Lake Champlain	“尚普兰湖”号
Langley	“兰利”号
Lexington	“列克星敦”号
Leyte	“莱特”号
Magnificent	“宏伟”号
Majestic	“威严”号
Manila Bay	“马尼拉湾”号
Midway	“中途岛”号
Minsk	“明斯克”号
Nassau	“拿骚”号
Natoma Bay	“纳托马湾”号
Nimitz	“尼米兹”号
Novorossiysk	“诺沃罗西斯克”号
Oriskany	“奥里斯卡尼”号
Philippine Sea	“菲律宾海”号
Powerful	“强盛”号
Prince of Wales	“威尔士亲王”号
Princeton	“普林斯顿”号
Queen Elizabeth	“伊丽莎白女王”号
Ranger	“突击者”号
Ronald Reagan	“罗纳德·里根”号
Ryūjō	“龙骧”号
Saipan	“塞班”号
San Jacinto	“圣哈辛托”号
Sangamon	“桑加蒙”号

Santee	“桑提”号
São Paulo	“圣保罗”号
Saratoga	“萨拉托加”号
Shinano	“信浓”号
Shipley Bay	“希普利湾”号
Shōhō	“祥凤”号
Shōkaku	“翔鹤”号
Sicily	“西西里”号
Sōryū	“苍龙”号
St. Lo	“圣罗”号
Sydney	“悉尼”号
Taihō	“大凤”号
Terrible	“可怖”号
Theodore Roosevelt	“西奥多·罗斯福”号
Theseus	“忒修斯”号
Ticonderoga	“提康德罗加”号
Ulyanovsk	“乌里扬诺夫斯克”号
United States	“美国”号
Valley Forge	“福吉谷”号
Varyag	“瓦良格”号
Venerable	“可敬”号
Vengeance	“复仇”号
Victorious	“胜利”号
Vikramaditya	“维克拉玛蒂亚”号
Viraat	“维拉特”号
Wakamiya Maru	“若宫”号
Wasp	“黄蜂”号
Yorktown	“约克城”号
Zuihō	“瑞凤”号
Zuikaku	“瑞鹤”号
其他	
A-1 Triad seaplane	A-1“推进者”水上飞机
Acosta	“阿科斯塔”号（驱逐舰）
Advanced Arresting Gear (AAG)	先进阻拦装置
Aerial Experiment Association (AEA)	航空试验协会
Africa	“非洲”号（战列舰）
Agusta SH-3D antisubmarine helicopter	奥古斯塔SH-3D反潜直升机
AgustaWestland AW101 Merlin medium lift	奥古斯塔·韦斯特兰AW101“灰背隼”中型运输直升机
AgustaWestland AW159 battlefield utility	奥古斯塔·韦斯特兰AW159战场通用型直升机
AgustaWestland EH101 Merlin helicopter	奥古斯塔·韦斯特兰EH101“灰背隼”空中早期预警直升机
Aichi D3A1 “Val” divebomber	爱知D3A1“瓦尔”俯冲轰炸机
Albacore	“大青花鱼”号（潜艇）
angled flight deck	斜角飞行甲板
Antietam	“安提坦”号（巡洋舰）
Archerfish	“射水鱼”号（潜艇）
Ardent	“热情”号（驱逐舰）
Arizona	“亚利桑那”号（战列舰）
Astoria	“阿斯托里亚”号（巡洋舰）
Atlantic Fleet	大西洋舰队
AV8B Harrier VSTOL jump jet	AV8B鹞式垂直短距喷气机
AW Apache attack helicopter	AW“阿帕奇”攻击直升机
Bainbridge	“班布里奇”号（护卫舰）
ballistic missile submarine	弹道导弹潜艇
Balloon	（侦察用的）热气球
Battle of Cape Engaño	恩加尼奥角战役
Battle of Jutland	日德兰海战
Battle of Leyte Gulf	莱特湾海战
Battle of Midway	中途岛海战
Battle of Surigao Strait	苏里高海峡战役
Battle of the Atlantic	大西洋战役
Battle of the Coral Sea	珊瑚海海战
Battle of the Eastern Solomons	东所罗门群岛战役
Battle of the Philippine Sea	菲律宾海海战

Battle of Samar	萨马岛战役
battleship	战列舰
Ben-my-Chree	“班米克利”号（水上飞机母舰）
Biloxi	“比洛克西”号（巡洋舰）
Birmingham	“伯明翰”号（巡洋舰）
Bismarck	“俾斯麦”号（战列舰）
Blackburn Dart torpedo bomber	布莱克本“飞镖”鱼雷轰炸机
Blackburn Roc fighter	布莱克本“大鹏”战斗机
Blackburn Skua dive-bomber and fighter	布莱克本“贼鸥”俯冲轰炸战斗机
Boeing AH-64 Apache Longbow	波音AH-64“长弓阿帕奇”直升机
Boeing Chinook tandem rotor	波音“支奴干”双旋翼直升机
Boeing EA-18G Growler	波音EA-18G“咆哮者”电子战机
Boeing F/A-18 Super Hornet	波音F/A-18“超级大黄蜂”攻击战斗机
Boeing F4B biplane fighters	波音F4B双翼战斗机
Bofors antiaircraft gun	博福斯式防空高射炮
Breguet	布雷盖水上飞机
Bridge	“布里奇”号（战斗支援舰）
Bristol Scout	“布里斯托尔”侦察机
British Royal Navy	英国皇家海军
Cactus Air Force	仙人掌航空队
Caio Duilio	“卡约·杜伊利奥”号（战列舰）
California	“加利福尼亚”号（战列舰）
Campania	“坎帕尼亚”号（水上飞机母舰）
Cassin	“卡辛”号（驱逐舰）
Caudron G.3	高德隆G3水上飞机
Cavalla	“竹荚鱼”号（潜艇）
Chara	“查拉”号（武装货船）
Charles Drew	“查尔斯·德鲁”号（供应船）
Chosin	“乔辛”号（巡洋舰）

Collier	“科利尔”奖
Commandant Ducuing	“迪根司令号”号（通信舰）
Conte di Cavour	“加富尔”号（战列舰）
Cornwall	“康沃尔”号（巡洋舰）
Cowpens	“考彭斯”号（巡洋舰）
Curtiss	“科蒂斯”号（水上飞机供应船）
Curtiss Pusher	柯蒂斯推进式飞机
Curtiss SB2C Helldiver	柯蒂斯SB2C“地狱俯冲者”飞机
Dassault étendard IV fighter	达索“军旗”IV战斗机
Dassault Rafale multi-role fighter	达索“阵风”多任务战斗机
Dassault-Breguet Super étendard attack plane	达索-布雷盖“超级军旗”攻击机
de Havilland Sea Venom	德哈维兰德“海毒液”喷气式战斗轰炸机
Devastator	“毁灭者”轰炸机
Distinguished Flying Cross	杰出飞行十字勋章
Distinguished Service Cross	铜十字英勇勋章
Distinguished Service Order	金十字英勇勋章
Dorsetshire	“多塞特郡”号（巡洋舰）
Douglas A-3 Skywarrior	道格拉斯A-3“空中武士”轰炸机
Douglas A-4 Skyhawk	道格拉斯A-4“天鹰”战机
Douglas AD Skyraider	道格拉斯AD“空中袭击者”螺旋桨推进战机
Douglas SBD Dauntless dive-bomber	道格拉斯SBD“无畏”俯冲轰炸机
Douglas TBD Devastator torpedo planes	道格拉斯TBD“毁灭者”鱼雷轰炸机
Downes	“唐斯”号（驱逐舰）
Dragon	“飞龙”号（防空驱逐舰）
Electromagnetic Aircraft Launch System (EMALS)	电磁弹射系统
Empress	“皇后”号（水上飞机母舰）
Engadine	“恩加丁”号（水上飞机母舰）
Eurocopter AS565 Panther medium transport helicopter	欧洲直升机AS565“黑豹”中型运输直升机

F-35C Lightning II Joint Strike Fighter	F-35C“闪电”II联合攻击战斗机
Fabre Hydravion	法布尔水上飞机
Fairey Barracuda torpedo bomber	费尔雷“梭鱼”鱼雷轰炸机
Fairey Firefly FR	费尔雷“萤火虫”战斗机
Fairey Flycatcher	费尔雷“食虫鸟”战斗机
Fairey III reconnaissance plane	费尔雷III侦察机
Fairey Swordfish biplane torpedo bomber	费尔雷“剑鱼”双翼鱼雷轰炸机
Falklands War	马岛战争
Farman MF11 “Shorthorn”	法尔曼MF.11“短角牛”水上飞机
Fieseler Fi 167 biplane	菲斯勒Fi 167双翼机
First Indochina War	第一次印度支那战争（即印支三国抗法战争）
Focke-Wulfs	福克沃尔夫式战机
Foudre	“闪电”号（水上飞机母舰）
Gallipoli Campaign	加里波利战役
Gediz	“盖迪兹”号（护卫舰）
Geneva Naval Conference	日内瓦海军会议
Gloster Gambet	格罗斯特“甘比特”战斗机
Gneisenau	“格奈森瑙”号（战列巡洋舰）
Graf Spee	“斯佩伯爵”号（袖珍战列舰）
Great Lakes BGH biplane dive-bomber	五大湖BGH双翼俯冲轰炸机
Great White Fleet	大白舰队
Gridley	“格里德利”号（导弹巡洋舰）
Grumman C-2 Greyhound	格鲁曼C-2“灰狗”运输机
Grumman F-14 Tomcat fighter	格鲁曼F-14“雄猫”战斗机
Grumman F2F biplane fighter	格鲁曼F2F双翼战斗机
Grumman F4F Wildcat dive-bomber	格鲁曼F4F“野猫”俯冲轰炸机
Grumman F6F Hellcat fighter	格鲁曼F6F“地狱猫”战斗机
Grumman F9F Panther fighter	格鲁曼F9F“黑豹”战斗机
Grumman TBF Avenger	格鲁曼TBF“复仇者”飞机
Gulf of Tonkin Incident	北部湾事件
Hammann	“哈曼”号（护航驱逐舰）
Harrier GR.3	鹞式GR3对地攻击机
Hawker Nimrod fighter	霍克“猎迷”战斗机
Hawker Osprey fighter	霍克“鱼鹰”战斗机
Hawker Sea Fury	霍克“海怒”战机
Hawker Sea Hawk	霍克“海鹰”喷气式战斗机
Hawker Tempest	霍克“暴风”战斗轰炸机
Heermann	“希尔曼”号（驱逐舰）
Helena	“海伦娜”号（巡洋舰）
Hermes	“竞技神”号（轻型巡洋舰）
Hibernia	“海伯尼亚”号（战列舰）
Hoel	“霍埃尔”号（驱逐舰）
Honolulu	“火奴鲁鲁”号（巡洋舰）
Hood	“胡德”号（战列巡洋舰）
Hwachon Dam	华川水坝
Inchon	“仁川”号（直升机母舰）
Indiana	“印第安纳”号（战列舰）
Integrated Catapult Control Station (ICCS)	集成式弹射控制站
International Gordon Bennett Race	国际戈登·贝内特大赛
Ise	“伊势”号（战列舰）
island hopping	蛙跳战术
Jaguar	“美洲虎”号（炮舰）
Jean Bart	“让·巴特”号（护卫舰）
Jean de Vienne	“让·德·维埃纳”号（护卫舰）
Johnston	“约翰斯顿”号（驱逐舰）
Junkers Ju 87 Stuka dive-bomber	容克Ju 87“斯图卡”俯冲轰炸机
Jupiter	“木星”号（运煤船）
Kaiserin Elisabeth	“伊丽莎白皇后”号（巡洋舰）
kamikaze	神风特攻队
Kate torpedo bomber	“凯特”鱼雷轰炸机

Kearsarge	“奇尔沙治”号（两栖攻击舰）
King George V	“乔治五世”号（战列舰）
kōkūtai	日本航空队
La Motte-Picquet	“拉莫特·毕盖”号（护卫舰）
Lassen	“拉森”号（驱逐舰）
lee helmsman	背风操舵员
Lexington	“列克星敦”号（战列巡洋舰）
Linebacker	后卫行动
Lockheed Martin F-35B Lightning II STOVL multi-role fighter	洛马F-35B“闪电”II式垂直短距起降多任务战斗机
Lockheed S-3 Viking	洛克希德S-3“北欧海盗”反潜机
London	“伦敦”号（战列舰）
Long Beach	“长滩”号（导弹巡洋舰）
Manley	“曼利”号（驱逐舰）
Marianas Turkey Shoot	马里亚纳群岛大捷
Maryland	“马里兰”号（战列舰）
Mayaguez Incident	“马亚克斯”号事件
McDonnell Douglas F/A-18 Hornet	麦道F/A-18“大黄蜂”战斗机
McDonnell Douglas F-4 Phantom	麦道F-4“鬼怪”战机
McDonnell F2H Banshee	麦克唐纳F2H“女妖”战斗机
Medal of Honor	国会荣誉勋章
Messerschmitt Bf 109 fighter	梅塞施米特Bf 109战斗机
Meuse	“默兹河”号（油船）
minelayer	布雷舰
mirrored landing sites	光学助降系统
Mississippi	“密西西比”号（战列舰）
Mitsubishi A6M Zero fighter	三菱A6M零式战斗机
Mitsubishi B1M3 torpedo bomber	三菱B1M3鱼雷轰炸机
Mitsubishi B5N Kates	三菱B5N“凯茨”战机
Mitsubishi Type 10 fighter	三菱10式双翼战斗机
Mobile	“墨比尔”号（巡洋舰）
Musashi	“武藏”号（大型战列舰）

Mustin	“马斯廷”号（驱逐舰）
Mutual Defense Assistance Act	《共同防御援助法案》
Nakajima A1N fighter	中岛A1N战斗机
Nakajima B5N “Kate” horizontal and torpedo bomber	中岛B5N“凯特”多用途水平和鱼雷轰炸机
Narwhal	“独角鲸”号（潜艇）
Nashville	“纳什维尔”号（轻型巡洋舰）
Naval Academy at Annapolis	安纳波利斯海军学院
Naval Expansion Act	《海军扩军法案》
Navy Cross	海军十字勋章
Neosho	“尼奥绍”号（油船）
Nevada	“内华达”号（战列舰）
New Jersey	“新泽西”号汽艇
NHIndustries NH90 medium transport helicopter	北约直升机工业NH90中型运输直升机
Nieuport	纽波尔水上飞机
Nittō Maru	“日东丸”号（巡逻舰）
North American B-25 Mitchell medium bombers	北美航空B-25“米切尔”中型轰炸机
North Carolina	“北卡罗莱纳”号（装甲巡洋舰）
Northrop Grumman E-2C Hawkeye airborne	诺格E-2C“鹰眼”空中早期预警机
Northrop Grumman EA6-B Prowler	诺格EA6-B“徘徊者”电子战机
O'Brien	“奥布赖恩”号（驱逐舰）
Oakland	“奥克兰”号（巡洋舰）
Oglala	“奥格拉拉”号（布雷舰）
Oklahoma	“俄克拉荷马”号（战列舰）
Operation Desert Shield	沙漠盾牌行动
Operation Desert Storm	沙漠风暴行动
Operation Enduring Freedom	持久自由行动
Operation Flaming Dart II	火镖行动II
Operation Iraqi Freedom	伊拉克自由行动
Operation Judgement	审判行动

Operation Majestic Eagle	雄鹰行动
Operation MO(Moresby)	莫尔斯比港行动
Operation Pedestal	基座行动
Operation Rolling Thunder	滚雷行动
Operation Southern Watch	南方守望行动
Operation Torch	火炬行动
Pacific Fleet	太平洋舰队（美国）
Pennsylvania	“宾夕法尼亚”号（战列舰）
Phalanx CIWS	“密集阵”近防武器系统
Phelps	“菲尔普斯”号（驱逐舰）
Pittsburgh	“匹兹堡”号（巡洋舰）
Prince of Wales	“威尔士亲王”号（战列舰）
Princeton	“普林斯顿”号（巡洋舰）
Pueblo	“普韦布洛”号（情报搜集船）
Raleigh	“罗利”号（巡洋舰）
Red Arrow flight demonstration team	“红箭”飞行表演队
Repulse	“击退”号（战列巡洋舰）
Revolt of the Admirals	“海军上将哗变”事件
RH-53 Sea Stallion	RH-53“海上种马”直升机
Riviera	“里维埃拉”号（水上飞机母舰）
Rodney	“罗德尼”号（战列舰）
Rodney M. Davis	“罗德尼·M. 戴维斯”号（护卫舰）
Royal Air Force	英国皇家空军
Royal Flying Corps	英国皇家飞行总队
Royal Naval Air Service	英国皇家海军航空队
Rubis	“红宝石”号（攻击型潜艇）
Russian Baltic Fleet	沙俄波罗的海舰队
Samuel B. Roberts	“塞缪尔·B. 罗伯茨”号（护航驱逐舰）
San Diego’s Navy Pier	圣迭戈海军基地
Santa Fe	“圣达菲”号（巡洋舰）
Saratoga	“萨拉托加”号（战列巡洋舰）
Scamp	“阔鼻鲈”号（潜艇）
Scharnhorst	“沙恩霍斯特”号（战列巡洋舰）
Scientific American	“科学美国人”奖
Sea King	“海王”直升机
Sea Sparrow	“海麻雀”导弹
seaplane tender	水上飞机母舰
SH-3 Sea King	“海王”反潜直升机
Shaw	“肖”号（驱逐舰）
Sheffield	“谢菲尔德”号（巡洋舰）
Shō-Gō One	“翱翔一号”计划
Short Improved S.27	“肖特”改进型S27飞机
Sikorsky SH-60 Seahawk	西科斯基SH-60“海鹰”直升机
Silver Star	银星奖章
Sims	“西姆斯”号（护航驱逐舰）
ski-jump ramp	滑跃起飞斜坡甲板
Sopwith 1½ Strutter	索普威斯1½“斯特鲁特”双翼机
Sopwith Baby	索普威斯“婴儿”水上飞机
Sopwith Camel	索普威斯“骆驼”战斗机
Sopwith Pup	索普威斯“幼犬”战斗机
sortie generation rate (SGR)	舰载机出动架次率
South Dakota	“南达科他”号（战列舰）
Suez Crisis	苏伊士运河危机（即第二次中东战争）
Sukhoi Su-27 “Flanker” naval strike fighter	苏27“侧卫”海军攻击战斗机
Supermarine Seafire	超级马林“海火”战机
Supermarine Spitfire fighter	超级马林“喷火”水上飞机
Tanker War	油船战争
Task Force	特遣舰队
TBD Devastator torpedo bomber	TBD“毁灭者”鱼雷轰炸机
Tennessee	“田纳西”号（战列舰）
Terrier	“小猎犬”防空导弹

Tirpitz	“提尔皮茨”号（战列舰）
Tomahawk cruise missile	“战斧”巡航导弹
torpedo defense net	鱼雷防护网
Trento	“塔兰托”号（巡洋舰）
Triad	“三和音”（水上飞机）
Type 10 fighter	10式战斗机
Type 90 carrier-based fighter	90式航母舰载战斗机
UO-1 observation plane	沃特UO-1双座观测机
US Naval Academy	美国海军学院
Utah	“犹他”号（靶船）
Val dive-bomber	“瓦尔”俯冲轰炸机
Vampire	“吸血鬼”号（护航驱逐舰）
Vertical Short Takeoff and Landing (VSTOL) Sea Harrier FRS.1	“海鹞”FRS1垂直短矩起降攻击机
Vestal	“女灶神”号（修理舰）
Vindex	“温德克斯”号（水上飞机母舰）
Vought F4U Corsair	沃特F4U“海盗船”战机
Vought F-8 Crusader	沃特F-8“十字军战士”战斗机

Vought SB2U Vindicator dive-bomber	沃特SB2U“复仇者”俯冲轰炸机
Vought SBU Corsair biplane dive-bombers	沃特SBU“海盗船”双翼俯冲轰炸机
Vought VE-7	沃特VE-7飞机
Washington	“华盛顿”号（战列舰）
Washington Naval Arms Limitation Conference	华盛顿限制海军军备会议
Washington Naval Treaty	《华盛顿海军条约》
West Virginia	“西弗吉尼亚”号（战列舰）
Westland Wyvern	韦斯特兰“飞龙”战斗机
Wisconsin	“威斯康星”号（战列舰）
Yakovlev Yak-38 “Forger” strike fighter	雅克38“铁匠”攻击战斗机
Yamato	“大和”号（大型战列舰）
Yarmouth	“雅茅斯”号（巡洋舰）
Yokosuka D4Y3 “Judy” dive-bomber	横须贺D4Y3“朱迪”俯冲轰炸机

历史图文系列

用图片和文字记录人类文明轨迹

策划：朱策英
Email:gwpbooks@foxmail.com

鞋靴图文史：影响人类历史的8000年

[英] 丽贝卡·肖克罗斯/著　晋艳/译

本书运用丰富的图片和生动的文字，详细讲述鞋子自古至今的发展变化及其对人类社会的影响，包括鞋靴演进史、服饰变迁史、技术创新史、行业发展史等。它不仅是一部鲜活的人类服饰文化史，也是一部多彩的时尚发展史，还是一部行走的人类生活史。

航母图文史：改变世界海战的100年

[美] 迈克尔·哈斯丘/著　陈雪松/译

本书通过丰富的图片和通俗的文字，生动详细讲述了航母的发展过程，重点呈现航母历史、各国概况、重要事件、科技变革、军事创新等，还包括航母的建造工艺、动力系统、弹射模式等细节，堪称一部全景式航母进化史。

空战图文史：1939—1945年的空中冲突

[英] 杰里米·哈伍德/著　陈烨/译

本书是二战三部曲之一。通过丰富的图片和通俗的文字，全书详细讲述二战期间空战全过程，生动呈现各国军力、战争历程、重要战役、科技变革、军事创新等诸多历史细节，还涉及大量武器装备和历史人物，堪称一部全景式二战空中冲突史，也是一部近代航空技术发展史。

海战图文史：1939—1945年的海上冲突

[英] 杰里米·哈伍德/著　付广军/译

本书是二战三部曲之二。通过丰富的图片和通俗的文字，全书详细讲述二战期间海战全过程，生动呈现各国军力、战争历程、重要战役、科技变革、军事创新诸多历史细节，还涉及大量武器装备和历史人物，堪称一部全景式二战海上冲突史，也是一部近代航海技术发展史。

密战图文史：1939—1945年冲突背后的较量

[英] 加文·莫蒂默/著　付广军　施丽华/译

本书是二战三部曲之三。通过丰富的图片和通俗的文字，全书详细讲述二战背后隐秘斗争全过程，生动呈现各国概况、战争历程、重要事件、科技变革、军事创新等诸多历史细节，还涉及大量秘密组织和间谍人物及其对战争进程的影响，堪称一部全景式二战隐秘斗争史，也是一部二战情报战争史。

堡垒图文史：人类防御工事的起源与发展

[英]杰里米·布莱克/著　李驰/译

本书通过丰富的图片和生动的文字，详细描述了防御工事发展的恢弘历程及其对人类社会的深远影响，包括堡垒起源史、军事应用史、技术创新史、思想演变史、知识发展史等。这是一部人类防御发展史，也是一部军事技术进步史，还是一部战争思想演变史。

武士图文史：影响日本社会的700年

[日]吴光雄/著　陈烨/译

通过丰富的图片和详细的文字，本书生动讲述了公元12至19世纪日本武士阶层从诞生到消亡的过程，跨越了该国封建时代的最后700年。全书穿插了盔甲、兵器、防御工事、战术、习俗等各种历史知识，并呈现了数百幅彩照、古代图画、示意图、手绘图、组织架构图等等。本书堪称一部日本古代军事史，一部另类的日本冷兵器简史。

太平洋战争图文史：通往东京湾的胜利之路

[澳] 罗伯特·奥尼尔/主编　傅建一/译

本书精选了二战中太平洋战争的10场经典战役，讲述了各自的起因、双方指挥官、攻守对抗、经过、结局等等，生动刻画了盟军从珍珠港到冲绳岛的血战历程。全书由7位世界知名二战史学家共同撰稿，澳大利亚社科院院士、牛津大学战争史教授担纲主编，图片丰富，文字翔实，堪称一部立体全景式太平洋战争史。

纳粹兴亡图文史：希特勒帝国的毁灭

[英]保罗·罗兰/著　晋艳/译

本书以批判的视角讲述了纳粹运动在德国的发展过程，以及希特勒的人生浮沉轨迹。根据大量史料，作者试图从希特勒的家庭出身、成长经历等分析其心理与性格特点，描述了他及其党羽如何壮大纳粹组织，并最终与第三帝国一起走向灭亡的可悲命运。

潜艇图文史：无声杀手和水下战争

[美]詹姆斯·德尔加多/著　傅建一/译

本书讲述了从1578年人类首次提出潜艇的想法，到17世纪20年代初世界上第一艘潜水器诞生，再到1776年用于战争意图的潜艇出现，直至现代核潜艇时代的整个发展轨迹。它呈现了一场兼具视觉与思想的盛宴，一段不屈不挠的海洋开拓历程，一部妙趣横生的人类海战史。